人工智能从编程到实践

计湘婷 文新 刘倩 李轩涯◎编著

覃祖军◎审

图书在版编目（CIP）数据

风火少年战 AI：人工智能从编程到实践 / 计湘婷等编著 . -- 北京：机械工业出版社，2022.2
ISBN 978-7-111-39149-4

I. ①风… II. ①计… III. ①人工智能 – 青少年读物 IV. ① TP18-49

中国版本图书馆 CIP 数据核字（2022）第 021223 号

风火少年战 AI：人工智能从编程到实践

出版发行：机械工业出版社（北京市西城区百万庄大街 22 号 邮政编码：100037）
责任编辑：朱 劼 责任校对：殷 虹
印 刷：中国电影出版社印刷厂 版 次：2022 年 4 月第 1 版第 1 次印刷
开 本：186mm×240mm 1/16 印 张：13
书 号：ISBN 978-7-111-39149-4 定 价：99.00 元

客服电话：（010）88361066 88379833 68326294 投稿热线：（010）88379604
华章网站：www.hzbook.com 读者信箱：hzjsj@hzbook.com

序

投身科研领域多年，我有幸见证了 AI 从实验室理论走向落地应用的许多历程。如今，AI 已深入我们的生产、生活，它无处不在，人们也实实在在感受到了这项技术带来的智能与便利。

与技术一同落地的还有科普教育。近年来，国家大力推行科技素质教育，《全民科学素质行动规划纲要（2021—2035 年）》指出，科技创新、科学普及是实现创新发展的两翼，要把科学普及放在与科技创新同等重要的位置。青少年是未来社会发展的希望，我深知青少年科普教育工作的重要性。在我看来，青少年人工智能教育主要分为三个层面：一是在孩子们的头脑里建立人工智能的概念，激发他们的兴趣和想象力；二是进行人工智能的实践，鼓励青少年探究人的思维模式；三是要不断鼓励青少年发现人工智能领域的应用。

然而，对于充满好奇心与想象力的青少年，如何激发他们对科学的求知欲？在年龄、知识、阅历等有限的情况下，他们如何有效学习“深奥高深”的人工智能？在青少年的教育工作中，更应该注重思维和创造力的培养，注重用场景、讲故事的方式来传递信息。具体到教程层面，生搬硬套现有的大学教材或者直接裁剪大学教材是不可取的，这不仅不符合青少年的学习习惯，还可能让他们失去学习的兴趣。在 AI 时代，不仅要向孩子们传授知识，更要激发他们的好奇心与想象力，培养他们的创造力和批判性思维能力，从而实现个体的差异化、精准化教育。

作为国内 AI 的头雁企业，百度近期成立的松果学堂旨在担起青少年 AI 教育的重任。松果学堂面向青少年提供各类 AI 课程、科普教程、趣味竞赛，希望借助百度积淀的 AI 技术资源和 AI 人才培养经验，让更多的青少年接触到 AI 并喜欢上 AI，为未来社会培养更多的 AI 后备人才。

可以预见的是，在未来的10到20年，国内各领域对AI人才的需求将逐渐上涨。而10年、20年后，能够成为各领域核心人才的正是当下的青少年一代。希望这一系列AI书籍能在青少年读者的心中种下AI的“种子”，在不远的将来生根、发芽，与我们共建美好的AI世界。

王海峰

百度首席技术官

2021年11月

前言

要不要让孩子学习人工智能?

让孩子通过什么方式学习人工智能?

当人工智能逐渐成为日常工作、生活的一部分，甚至替代人类完成越来越多的工作时，10年、20年后孩子们凭借什么与人工智能争夺工作岗位?

牛津大学在2013年发布的一份报告预测，未来20年里有将近一半的工作可能被机器所取代。融入才是最好的竞争手段。在这样的浪潮中，让孩子从小开始接触、了解、学习人工智能势在必行。即使将来孩子不从事人工智能的相关工作，也能受益于通过学习人工智能培养的逻辑思维能力。

人工智能作为计算机科学的一个分支，自1956年问世以来，无论是理论还是技术，都已经取得飞速的进展。从智能机器人到无人驾驶汽车，从无人超市到智能分诊，人工智能已经深入当代社会的方方面面，成为未来国家竞争与科技进步的核心力量。

世界各国都在加大对人工智能的投入，抢占这一重要的科技战略高地。我国也高度重视人工智能，多次在政府工作报告中提出发展人工智能。由此可见，对于人工智能的学习不仅仅是个人成长和职业生涯规划的需要，也符合创新型国家发展的战略需要。

一段时间以来，“少儿编程”颇受家长们关注。许多家长看到了人工智能技术的前景，希望快人一步，尽早培养孩子的IT素养。但是，让青少年学习AI并非易事。一方面，过多、过早地学习纯理论知识，容易让青少年失去兴趣，甚至抵触学习；另一方面，纯理论学习缺少结合日常生活的实践，无法培养他们的动手能力。

青少年的学习过程往往是兴趣和好奇心导向的，而呈现在读者面前的，就是这样一本能激发兴趣、满足好奇心的AI教材。

本书从编程的角度出发，将青少年耳熟能详的哪吒等经典人物角色和故事情节，与最常见、最易懂的人工智能应用案例相结合，用一个个妙趣横生的小故事来解读人工智能。故事中人物形象丰满，故事情节生动、代入感强，青少年读者在轻松的阅读氛围中，能够随着故事主人公的种种冒险经历，与其一同“打怪升级”，在潜移默化中形成对人工智能的基本认知，在一个个解决“难题”的实际操作中建立信心，收获成就感。

在实践方面，本书基于百度EasyDL这一定制的模型训练和服务平台，孩子可以根据提示进行操作，即使完全不懂编程也可以快速上手，这对于青少年从零开始了解人工智能、快速入门有极大的帮助。我们认为，在青少年学习人工智能的起步阶段，无须让大量的理论和公式先行，而是要激发学习兴趣，引导他们建立一种用人工智能解决问题的思维习惯和意识，为以后的深入学习打下基础。

基于这个理念，本书在编写的过程中时刻将“解决生活中遇到的问题”作为出发点和落脚点，将看似复杂、抽象的人工智能技术放置在实际场景中，由浅入深地讲解人工智能的基础概念、应用场景和操作方式。教学内容涉及目前非常热门且被广泛应用的音视频处理、计算机视觉、自然语言处理等人工智能领域，以引导青少年读者将理论知识付诸实践，学以致用。

本书初稿编写完成后，反复征求了广大青少年及其家长的意见，力求将老师多年的教学实践经验与家长培养需求、青少年阅读能力相结合，并且故事情节、知识深度符合读者的认知能力和阅读水平。

本书自编写以来，得到了众多老师、学者的无私帮助和耐心指导。感谢他们对本书理论部分提出的宝贵意见，让本书内容更加精彩；感谢他们对本书实验内容的测试反馈，让实践内容千锤百炼。感谢曹焯然、乔文慧、许超、毕然、娄双双等同事在本书撰写过程中发挥的巨大作用。

作　者

2021年10月

目 录

第5章

灭商伐纣擒桂芳，声音分类震四方

第6章

身先士卒闯虎穴，文本相似铸奇绝

第7章

众志成城齐抗敌，文字识别谱传奇

第8章

肉身成圣享太平，深度学习妙无穷

风火少年秀AI，陈塘关内展宏图

领略人工智能的神奇

商末时期，纣王穷奢极侈，暴戾恣睢，战火连绵不断，哀鸿遍野，百姓们生活在水深火热之中。而在商朝国都朝歌城北部，有一座风景秀美的小城，名为陈塘关。这座小城还没被战火侵扰，城内一片祥和。

这天，陈塘关发生了一件怪事。陈塘关总兵的夫人怀胎三年零六个月生下了一个红光四射、异香满溢的肉球，陈塘关总兵李靖挥剑一劈，没想到，从这圆溜溜的肉球中蹦出一个活泼可爱的婴孩。这孩子本是阐教的镇教之宝灵珠子，奉元始天尊法旨下凡投胎转世，只见他手戴金镯，肚缠红绫，生来就自带两大法宝——乾坤圈和混天绫，具天生神力、率真伶俐。后被一身穿道袍、手拿拂尘、脚踏仙鹤的白胡子老头——太乙真人收为门徒，赐名“哪吒”，带至乾元山金光洞修行。

寒来暑往，不觉已七载，哪吒从太乙真人处学成归来。刚回到陈塘关，李靖就迫不及待地问：“我儿，这些年你都学会了什么？让为父瞧一瞧？”哪吒连连答应，胸有成竹地回答道：“师父教了我一门非常厉害的法术，叫作人工智能，它还有个洋气的名字，叫AI，就是Artificial Intelligence的缩写。这个法

术千变万化、包罗万象，可以做非常多神奇的事情。口说无凭，眼见为实，我来演示一番，让大家开开眼界。”

哪吒清了清嗓子，得意扬扬地大声说道：“我有一个法宝，能把人的照片变成动漫头像，大家的陈塘关出入证上就不再是呆头呆脑的照片，而是美美的动漫头像了！”话音刚落，人群中立马炸开了锅。李靖身边的一位文士挤上前来，说：“小公子，不妨让我们见识一下此法宝。”

只见哪吒在浏览器中输入 https://ai.baidu.com，进入百度AI开放平台，在“开放能力”下选择“图像技术”，点击“人像动漫化”，双手一晃，“咻”的一声就从如意乾坤袋中掏出了太乙真人赐予的第一个法宝——人像动漫镜。

哪吒选择“功能演示”，点击“本地上传”，上传了一张小女孩的照片。然后，他大喊一声：“大家可看好了，千万别眨眼！”

刹那间，页面上小女孩的人像照片变成了漫画头像，文士惊呼：“太不可思议了！”人们争先恐后地让哪吒给自己制作漫画版出入证。

当大家仍沉浸在漫画版出入证的神奇世界时，一位阿姨走到哪吒身边，对他说：“三公子，有没有一种法宝可以自动检查孩子的作业？我和孩子他爸都没读过书，看不出来孩子的作业有没有错别字。”哪吒对阿姨说道：“莫慌，这有何难，用我的法宝‘文本纠错笔’就行了！”

哪吒又打开了师父给的百度 AI 如意乾坤袋，在浏览器中输入 https://ai.baidu.com，进入百度 AI 开放平台，在“开放能力”下选择“自然语言处理”，点击“文本纠错”，拿出法宝——文本纠错笔。

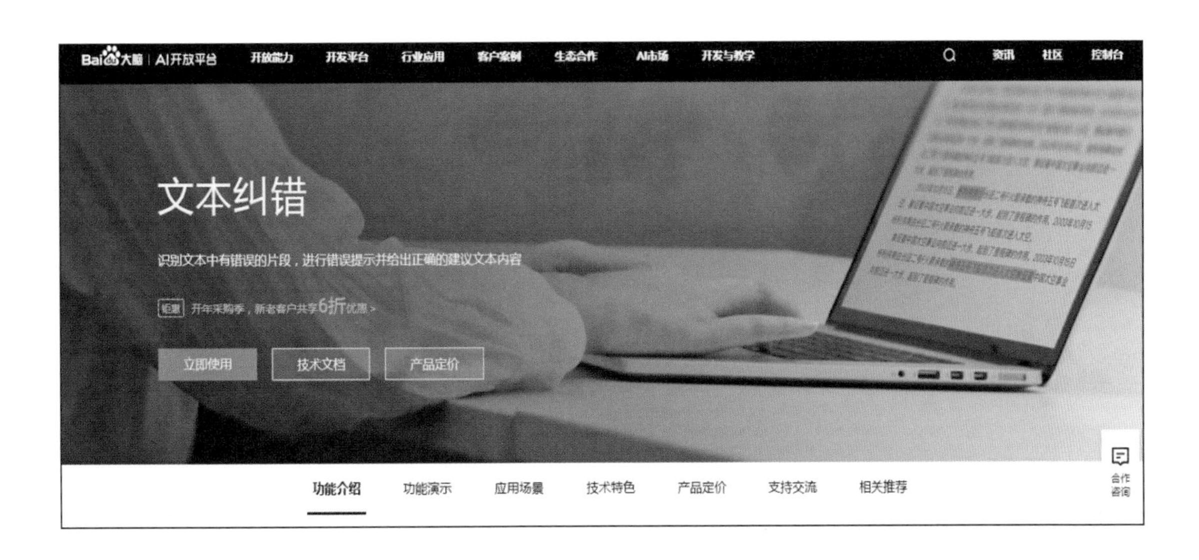

接着，哪吒把页面拖动到“功能演示”，在输入框中输入了一段文字，点击“开始分析”启动法宝，并对着阿姨说：“阿姨，您请看！”。只见页面快速给出了分析结果，显示这段文本中有 1 处错别字，并进行了高亮显示。

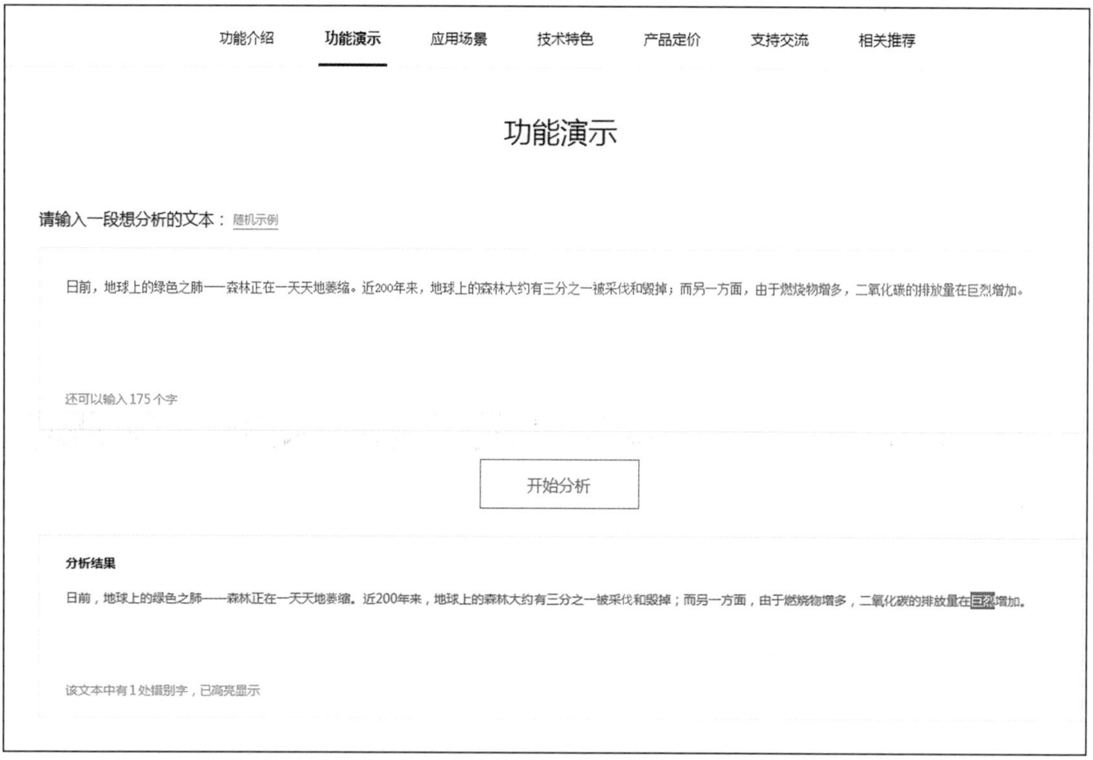

功能介绍 功能演示 应用场景 技术特色 产品定价 支持交流 相关推荐

功能演示

请输入一段想分析的文本： 随机示例

日前，地球上的绿色之肺——森林正在一天天地萎缩。近200年来，地球上的森林大约有三分之一被采伐和毁掉；而另一方面，由于燃烧物增多，二氧化碳的排放量在巨烈增加。

还可以输入175个字

开始分析

分析结果

日前，地球上的绿色之肺——森林正在一天天地萎缩。近200年来，地球上的森林大约有三分之一被采伐和毁掉；而另一方面，由于燃烧物增多，二氧化碳的排放量在巨烈增加。

该文本中有1处错别字，已高亮显示

阿姨看完哪吒的演示，不由得惊叹："这也太神奇了！有了这个法宝，以后就可以自己辅导孩子作业，再也不用担心看不懂了。"

哪吒的演示让大家啧啧称奇，人们七嘴八舌地对哪吒发问。药店小学徒问："人工智能可以帮我识别山上的药草吗？"捕快问："人工智能能够帮我逮到通缉犯吗？"哪吒会心一笑，打断大家说道："别急别急，人工智能的神奇可远不止这些，大家且听我道来。"

感受人工智能的便利

人工智能在各行各业的应用

哪吒陪李靖巡查陈塘关，看着城中忙碌的百姓，哪吒对李靖说道：“父亲，师父给我的人工智能法宝可以在我们陈塘关的医疗、教育等多个领域进行应用，帮助这些行业飞速发展，改善百姓的生活。”李靖挑了挑眉毛：“哦？愿闻其详。”哪吒回道：“请听儿子细细说来。”

人工智能可以应用在教育方面。对于老师来说，人工智能可以帮助老师进行智能阅卷、自动识别答题卡上所有的信息，并与对应的客观题的标准答案进行比较，快速完成客观题的批阅和打分，也可以辅助老师在电脑上完成主观题的打分，大大减少了老师的重复工作，阅卷质量高且精准、高效。对于学生来说，人工智能可以根据学生的阅读习惯，个性化地推荐其感兴趣的书籍，有针对性地拓展其知识储备，提高其认知水平。

人工智能还能推动陈塘关医疗的快速发展，既可以为患者提供一些就诊的咨询和建议，还能辅助医生看 X 光片、CT 片等。比如，医疗聊天机器人可以听懂患者对症状的描述，知道患者哪里不舒服，然后基于已有的疾病数据库中的数据，对患者的身体数据进行智能分析，为患者提供医疗和护理建议。过去，通常具备丰富医学专业知识的人才能看懂医学影像，现在人工智能可以快速而准确地对医学影像进行识别，对影像中是否包含恶性肿瘤等进行检测，从而大大降低人工操作的工作量和误判率。

人工智能还能为人们提供法律问题咨询和建议。律师机器人通过在线提问的形式收集案件的基本情况，利用自己强大的法律知识储备，帮助没有法律背景知识的人快速分析案件涉及的法律问题，使他们得到法律援助。

哪吒介绍完人工智能在多个行业的应用后，李靖赞不绝口："不错不错！人工智能可真是帮助陈塘关快速发展的好东西，必须尽快投入应用！"

人工智能+陈塘关里的生活

在李靖的推动下，人工智能在陈塘关快速发展，形形色色的智能产品在陈塘关的居民生活中已无处不在。

太乙真人觉得新出的智能手机太好用了，联系小徒弟哪吒的时候再也不用飞鹤传书，只要轻轻一点，就能和哪吒取得联系，小仙鹤也不用风吹日晒地送信了。

李靖生日的时候收到了金吒、木吒和哪吒合送的生日礼物——一辆无人驾驶汽车。有了这辆车，李靖巡查陈塘关的时候更加方便了，无论在什么地方，只要告诉它回家，它就能将自己安全地带回家，路上还能小憩一会。这个礼物真是甚合李靖的心意。

母亲节的时候，殷夫人收到哪吒送的一台智能电饭煲。每天回家前，她用智能手机控制电饭煲提前煮饭，一到家就能和家人吃上热乎乎的饭了。无论买了什么种类的米，智能电饭煲都能根据米的种类设计最佳煮饭方案，做出好吃的米饭，再也不会出现吃夹生饭的窘况了。

人工智能从方方面面提高了大家的生活水平，已经成为影响社会发展的一项重要技术。但这个每天都会使用的人工智能技术，到底是什么呢？

探索人工智能的真谛

人工智能的发展历程、背后推力

一群小朋友在草地上追着哪吒，问道："哪吒哥哥，城里的大人现在天天都说人工智能，人工智能到底是什么啊？它是从哪里来的呢？"哪吒摸了摸一个小朋友的头，拍了拍旁边的草地，说道："大家坐到我旁边来，我来给你们讲讲人工智能的故事。先从人工智能从哪儿来的说起吧！"

关于人工智能的起源，要从著名的图灵测试开始说起。20 世纪 40 年代，有一个伟大的科学家图灵，他首次提出了一种测试机器是否具备人类智能的方法，掀起了关于"机器智能"的讨论热潮。

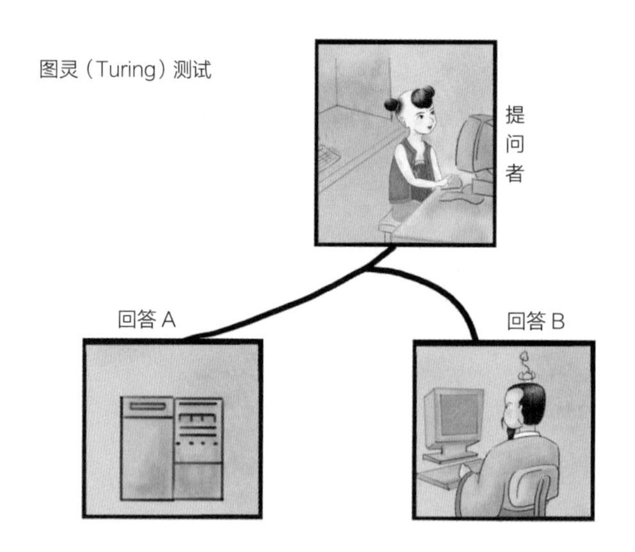

知识点

一个人在不接触对方的情况下，通过一种特殊的方式和对方进行一系列问答，如果在相当长的时间内，他无法根据这些问题判断对方是人还是计算机，那么就可以认为这台计算机具有与人相当的智力，即这台计算机是能思考的，是具备人类智能的。

20 世纪 50 年代末期，美国达特茅斯学院的专家组织召开了一个夏季讨论班，用长达一个月的时间对人工智能的方方面面进行了精确的定义与描述，这也标志着人工智能正式成为一门学科，开始蓬勃发展。

一个小朋友站了起来，迫不及待地问道："人工智能的'出生'这么坎坷，那之后的发展怎么样呢？"哪吒点了点头，回答道："是啊，每一次伟大的技术变革都要历经长期、不知疲倦的探索和追求，人工智能亦是如此。"

人工智能的发展大致经历了三个阶段：计算智能、感知智能和认知智能。

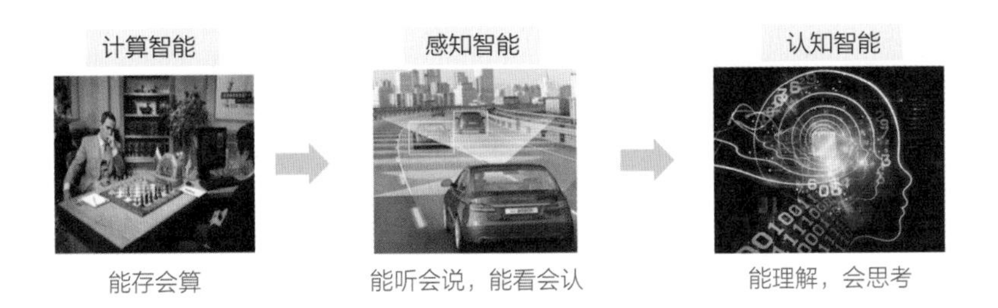

在计算智能时期，机器只具备快速计算和记忆、存储的能力，人们重点关注计算机的运算能力和存储能力的提升。例如，1997年，一台名为“深蓝”的计算机横空出世，一举击败了国际象棋世界冠军卡斯帕罗夫，靠的就是其强大的运算和存储能力。这台计算机由美国IBM公司生产，重1270公斤，有32个微处理器，每秒可以计算2亿步。该计算机里保存了100多年来优秀棋手的200多万个对局，其计算能力是人类所不可比拟的。至此，人类在这种强运算型的比赛方面就不能战胜机器了。

在感知智能时期，机器已经具备视觉、听觉、触觉等感知能力，能够通过这些感知能力与自然界进行交互，如自动驾驶汽车就是通过激光雷达等感知设备和人工智能算法实现这样的感知智能的。机器在感知世界方面比人类有优

势。人类都是被动感知的，但是机器可以使用激光雷达、微波雷达和红外雷达等实现主动感知。机器在感知智能方面已越来越接近于人类。

在认知智能时代，机器可以做到“能理解，会思考”，具备自己的“大脑”，能够定制化完成推理、规划、联想、创作等复杂任务。当前社会正处于从感知智能向认知智能迈进的阶段，我们可以大胆想象，如果有一天机器具备了认知智能，那么我们的周围就会出现很多电影里才能看到的智能机器，比如《超能陆战队》里的大白、《人工智能》中的大卫以及《超能查派》里的查派，这些智能机器有意识、有情感，并且有自己的善恶观。

小朋友们不由得瞪大了双眼，惊叹道：“哇，那也太好了！到时候我一定要交一个机器人朋友！”“咦？为什么人工智能能在短短半个世纪的时间里发展得如此迅速啊？是有什么魔法吗？”一直在旁边沉思的小明突然发问道。哪吒笑着说：“你问到了关键！”

数据、算力和算法称为人工智能发展的三要素。数据就是我们日常使用电子设备看新闻、购物、发微博、发微信时，产生的图像、视频、声音、文本等。算力指的是计算机的运算能力，类似于你每小时能做多少道数学题。算法指的是解决某些具体问题的方法模型，比如你想设计一个可以踢足球的机器人，那如何设计呢？其内在逻辑是什么呢？得益于近年来科学技术的快速发展，在数据、算力和算法三要素齐头并进的情况下，人工智能才得到如此迅猛的发展。

近年来，人工智能的研究与应用越来越受到人们的重视，国内外的科研机构、高校、企业纷纷投入大量的人力、财力、物力开展人工智能相关的研究，人工智能技术也在蓬勃发展中。

人工智能的技术方向及运转原理

小朋友们听完哪吒的讲解，对人工智能充满了好奇和向往。一个圆头的小朋友问道："哪吒哥哥，那人工智能是怎么工作的呢？"哪吒笑了笑说："我刚到师父那里学习的时候也问过这个问题，我给你讲讲。"

众所周知，人类之所以能够进行推理、学习、思考、规划等复杂的思维活动，主要依赖于我们的大脑。而人工智能就是研究怎样使用计算机来模拟人类大脑，去解决需要人类专家才能处理的复杂问题，其主要目的是将人的思考过程、智能活动通过计算机或机器实现。

一个小朋友一脸疑惑地问道："模拟人类大脑？人作为万物之灵，大脑这么厉害，怎么模拟啊？"哪吒沉思了一下，回答道："还记得咱们上次一起去乾元山玩，我发现小明同学对有些蛇视而不见，对有些蛇却避而远之，小明你是如何分辨哪个是毒蛇，哪个是无毒蛇的呢？"

小明哈哈大笑道："这还不简单嘛！小时候我爹上山采药常带着我，我打小就见识过各种各样的蛇，后来我通过颜色、头部形状、头部姿势就可以判断出一条蛇是不是毒蛇了。毒蛇一般色彩比较鲜艳，无毒的蛇颜色比较黯淡；毒蛇的头部小，一般呈三角形，而无毒的蛇头部都是椭圆形或熨斗状；毒蛇头部通常保持攻击姿态，高高昂起，无毒的蛇则正好相反。"

哪吒听罢满意地笑了："非常好！这就是人类分辨毒蛇的方法，主要从蛇的颜色、头部形状、头部姿势三种特征综合判断。大家想一想，如果把这三种特征分别赋值，用 1 到 10 之间的数值来分别表示蛇身颜色的亮度、蛇头像三角形的程度、蛇头坚挺的程度，那么计算机学习了 100 条蛇的特征数据后，它就能分辨出毒蛇了。这种方法就叫作机器学习（machine learning）。"

"选取特征需要大量的经验，像我这种根本不知道毒蛇和无毒蛇区别的人，岂不是无法炼制辨蛇法宝了？"小胖抓耳挠腮，有点沮丧地问道。

哪吒听罢，忙安慰道："不不不，可以利用深度学习（deep learning），你只需要向机器提供少量的毒蛇和无毒蛇的照片，它就可以自动学习出蛇身颜色、蛇头部的状态和姿势等特征，从而自动分辨出毒蛇。"

哪吒喝了口水，接着讲道："我们首先思考一下，人是怎么知道一张图片里面画的是蛇呢？肯定是因为我们的眼睛首先看到了一张图片，这个信息会被迅速地传到大脑皮层里的视觉神经元，视觉神经元就会接收到信号，然后我们会先根据宏观边缘特征确定图片里是一条蛇，再根据微观的形状或者颜色等特征确定这条蛇是毒蛇还是无毒蛇。整个过程与视觉神经元联动，分层次地获取特征，才能达到辨识毒蛇的目的。”

深度学习就是借鉴了人类大脑识别物体这一过程，并对这个过程进行建模。深度学习模型在底层接收到图片的像素级特征，学习到图片中的边缘特征，再深一层学习到物体边缘特征，并在更高层学习到物体的局部特征，最后识别出整个物体。其核心思想就是堆叠多个层，每一层的输出是下一层的输入，通过这种方式就可以实现对输入信息进行分层、分级的表达。

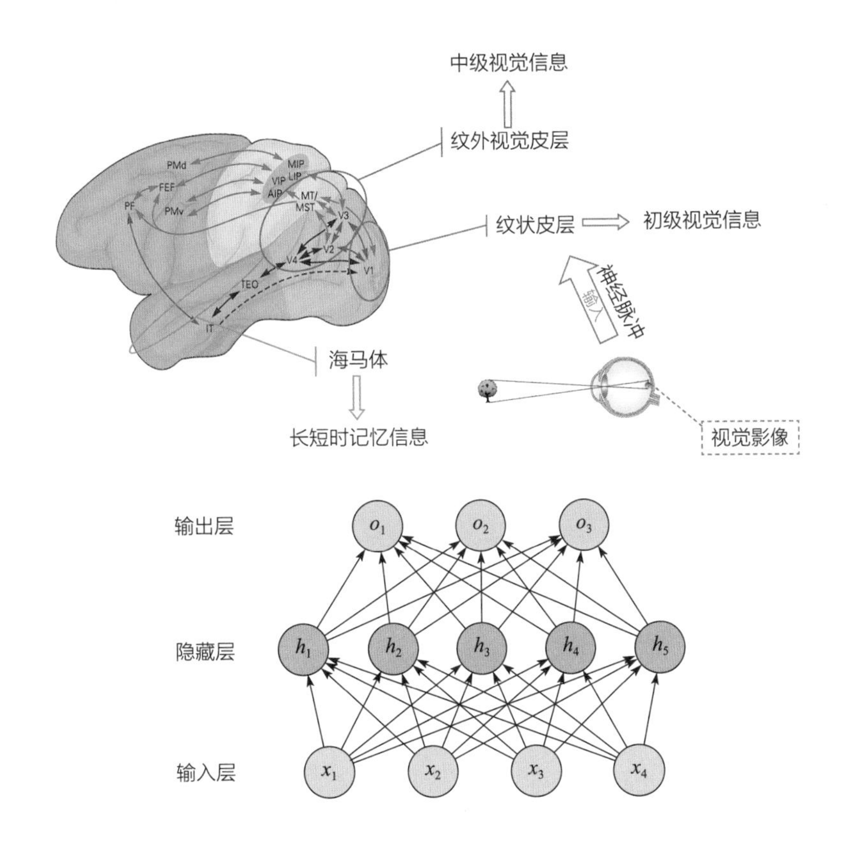

小胖恍然大悟，连连点头道：“原来如此，那人工智能、机器学习、深度学习之间是什么关系呢?”

“关于它们之间的关系嘛，机器学习和深度学习都属于人工智能学科体系，人工智能是一个宏大的愿景，机器学习只是实现人工智能的手段之一，深度学习是一种实现机器学习的技术。”哪吒解释道。

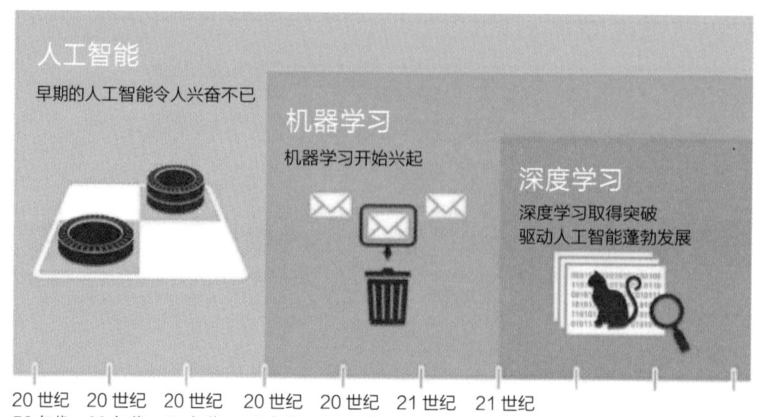

“原来人工智能是一个这么庞大的学科，那它都有哪些研究内容啊？”圆头的小朋友若有所思地问道。

哪吒站起来说：“人工智能主要是对我们日常生活中产生的数据进行分析。大家想想，我们平时都会产生哪些数据？”

“文字？图片？视频？语音？”大家七嘴八舌地议论起来。

“对，人工智能的研究领域主要包括自然语言处理、计算机视觉、语音技术等，分别是针对大家所说的语言、文字、图像/视频、语音进行研究的。”

“那到底如何上手呢？需要用什么工具或平台呢？”大家纷纷问道。

哪吒急忙解释：“当然有，那就是深受广大深度学习开发者喜爱的百度PaddlePaddle平台。PaddlePaddle的中文名是‘飞桨’，这个名字出自朱熹的诗句‘闻说双飞桨，翩然下广津’，可解释为‘疾速划动的桨，亦借指飞快的船’，寓意PaddlePaddle将与广大开发者一同飞速成长。飞桨能助力开发者快速实现AI想法，高效上线AI业务，帮助越来越多的行业完成AI赋能，实现产业智能化升级。”

哪吒话音刚落，小朋友们就激动地鼓起了掌，个个踌躇满志，纷纷表示：“人工智能这么厉害，我也要学会它！”哪吒感慨道：“青衿之志，履践致远。行而不辍，未来可期。”

家庭作业

憧憬人工智能的未来

智能化高速发展后，是否会给传统产业带来影响？自动驾驶普及后，公交车司机、出租车司机是否会失业？自动翻译发展成熟后，做翻译的小哥哥、小姐姐会不会失业呢？

第2章 除暴安良闹东海，图像分类定成败

何为图像分类

这一年，陈塘关大旱，滴雨未降。陈塘关百姓向东海龙王送去贡品，祈求雨水，东海龙王非但不接受，还要让人们送来童男童女。哪吒义愤填膺，誓要给这个恶贯满盈的老龙王点颜色看看，替百姓们伸张正义、讨回公道。

哪吒来到东海，挥手使出混天绫放在水中，海水瞬间被映成红色。哪吒大声吼道："龙王老妖，你哪吒小爷来找你算账了！"说罢，只见那混天绫摆一摆江河晃动，摇一摇乾坤震撼，连东海龙王的水晶宫也摇晃起来。龙王大怒，遂派三太子敖丙带三千虾兵蟹将上岸捉拿肇事者。

敖丙上岸后见肇事者不过是一个小孩，嘲笑道："我当是谁呢，原来是你这个乳臭未干的小儿，饭都没学会吃，竟胆敢跑到我东海撒野，正好抓回去献给父王！"

哪吒翻了个白眼，呵斥道："你这妖物，限你三日之内施雨于陈塘关，否则别怪你哪吒小爷不客气！"(见图 2-1。)

敖丙对哪吒的叫嚣不屑一顾："呦，真把自己当英雄了？小子，我看你连我身后的这些虾兵蟹将都分不清吧，都不知道它们都有什么技能，你拿什么跟

图 2-1　哪吒闹海

我斗！”敖丙坏笑了两声，准备羞辱哪吒一番：“小娃娃，你如果能在两个小时内分辨出我身后的三千虾兵蟹将分别属于哪些物种，我们就马上降雨，并且从此安分守己，造福百姓。”

哪吒气得牙痒痒，但想起父亲让自己不要惹事，只能暂且忍住这口气，先让他们把这场雨下了再说，于是回答道：“此话当真？”“当真，当真……”敖丙敷衍道。

“那你输定喽！”哪吒胸有成竹地打开了师父给的百度 AI 如意乾坤袋，在浏览器中输入 https://ai.baidu.com，进入百度 AI 开放平台，如图 2-2 所示，在“开放能力”下选择“图像技术”，点击“动物识别”，拿出法宝“虾兵蟹将识别眼”。

图 2-2　百度 AI 开放平台

进入“动物识别”页面后，拖动到“功能演示”部分，如图 2-3 所示。

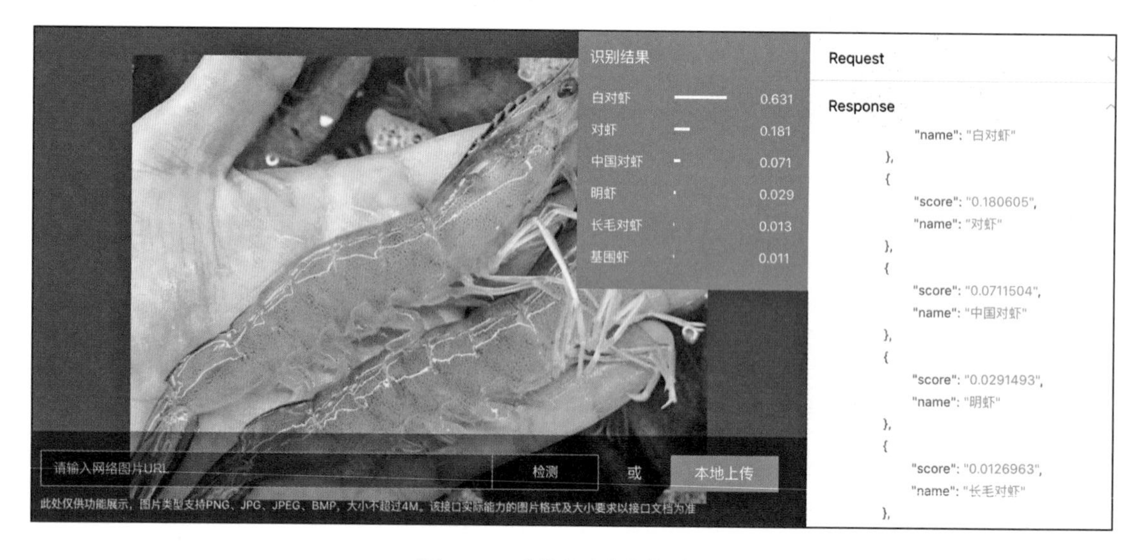

图 2-3　动物识别功能演示

点击“本地上传”，从本地上传一张拍摄好的虾兵蟹将图片。系统快速地对图片中的动物进行识别，可以看到动物类别为虾的概率为 0.79，因此，可以判定这张图片为虾，其前缘中央有一对强大的眼上棘，可刺杀敌人，需注意防御。

揭开图像分类的神秘面纱

哪吒的“虾兵蟹将识别眼”是怎么炼成的呢？

其实就是借助了人工智能中的图像分类技术，即根据每一张图片的不同特点，判断图片的类别。但是想要炼制这个法宝，需要经过图像信息输入、特征选择与表示、分类函数设计、模型训练与评估四大步骤。

图像信息输入

人类有视觉系统，可以轻松获取图片信息，但计算机是如何感知图片内容、获取信息的呢？

如图 2-4 所示，当我们把图像放大到一定程度之后，可以看到图像由一个个大小相同的正方形格子组成，每个格子的颜色不尽相同，这些格子被称作像素。我们平时在计算机中看到的图像就是由一个个像素组成的。我们常说的图像分辨率 592 × 394，指的就是图像从左至右有 592 个像素，从上至下有 394 个像素。

图 2-4　计算机中的图像

针对如图 2-5 所示的灰度图像，通常使用 0 ～ 255 的数字来记录每一个像素的明暗变化。其中 0 表示最暗的黑色，随着数值的增大，像素变得更加明亮，255 表示最亮的白色。

图 2-5　灰度图像

对于如图 2-4 所示的彩色图像，每个像素由灰度图像的 1 个值变成了 3 个值，这 3 个取值范围为 0 ～ 255 的值分别代表红（R）、绿（G）、蓝（B）三种基本颜色的明暗程度，通过这三种颜色的组合，就可以得到我们平时看到的彩色像素，进而得到彩色的图像。这也是我们把彩色图像叫作 RGB 图像的原因。通过这些像素值，计算机就能获取图片上所表示的信息内容。

特征选择与表示

为了分辨虾兵和蟹将，我们需要观察它们各自的特点，虽然它们都是十足目动物，但虾兵体呈长圆筒状，蟹将体呈扁圆状，因此，我们可以选择利用其体态形状，即身体的长度和宽度，来分辨虾兵蟹将。这种对事物的某些方面的特点进行刻画的数字或者属性，称为特征。

假设经过实际的测量得到了虾兵蟹将的特征：身体的长度和宽度。那么，在数学中应该如何表达呢？可以使用 x_1 来表示身体的长度，x_2 来表示身体的宽度。为了方便，我们一般写成（x_1，x_2）的形式，这种形式的一组数据在数学中称为向量，也是二维空间中的一个点，即在二维坐标轴中，x 轴取值为 x_1、y 轴取值为 x_2 的点。

在数学中，向量就是多个数字按序排成一行，比如（2，8，4）。其中数字的个数称为向量的维数，如向量（2，8，4）的维数是 3，我们也称它为三维向量，它是 x、y、z 轴分别取值为 2、8、4 的三维空间中的一个点。

我们把描述一个事物的特征数值组织在一起，形成特征向量。一般地，一个 n 维特征向量可以表示为 $x=\{x_1, x_2, \cdots, x_n\}$，即 n 维空间中的一个点。利用这种方法，就可以将每一张虾兵蟹将的照片转化为有意义的特征向量，即 n 维空间中的一个点，从而将图片分类的问题转化为数学几何中对点进行分类的问题。

分类函数设计

接下来，我们需要设计一个分类函数，也就是执行分类任务的决策器。该分类函数要将以上特征向量（即 n 维空间中的点）分成两类，把每一张图片的特征向量（$x=\{x_1, x_2, \cdots, x_n\}$）映射到该图片所属的类别（是虾兵还是蟹将）。我们先假设该函数为 $f(x)$。在虾兵蟹将分类问题中，我们用 y 来表示虾兵蟹将的类别，y 的取值为 0 和 1，分别代表虾兵和蟹将。设 $f(x)$ 是 n 元一次方程，也称为线性判别函数，公式为：

$$f(x_1, x_2, \cdots, x_n)=w_1x_1+w_2x_2+\cdots+w_nx_n+b$$

在 n 维空间里，可以将该函数理解为一个超平面，它可以将空间里代表虾兵和蟹将的点分隔在平面的两侧。我们的目的就是找到一个 $f(x)$，通过赋予 w_1、w_2、$\cdots$ w_n 以及 b 合理的取值，使得预测结果值趋近于 0（虾兵）或者 1（蟹将），最终准确地将虾兵和蟹将分开。那么，这一过程中最重要的工作就是确定 w_1、w_2、$\cdots$ w_n 以及 b 的取值。虾兵和蟹将的分类示意图如图 2-6 所示。

图 2-6　虾蟹分类示意图

模型训练与评估

那么如何选择合适的参数值，将虾兵和蟹将准确地分开呢？

其实，这些参数的取值类似于人脑的处事原则、判断标准。每个人不是天生就会识文辨字，需要有一个学习的过程，人工智能亦是如此。我们一般称这个过程为训练。在人类从未见过虾兵蟹将的时候，我们并不知道虾兵蟹将是什么样子。而当有人不断教我们这是虾兵、这是蟹将，我们重复地接受了许多虾兵蟹将的信息后，神经系统就会自动提炼虾兵和蟹将的特征，我们再遇到虾兵和蟹将的时候就能很轻松地辨认出来。甚至当我们遇到一个之前从未见过的波纹龙虾时，仍然可以辨认出这是一只虾。这就是人类学习的过程，通过不断地积累和学习，从对虾兵蟹将一无所知到可以轻松地辨认，甚至可以识别出从未见过的品种。

在炼制“虾兵蟹将识别眼”的时候，我们首先要搜集大量的虾兵蟹将照片，将其输入“虾兵蟹将识别眼”（即人工智能模型）中，让它逐渐地学习和记忆，并采用识别准确率、正确样本召回率等指标来评价“虾兵蟹将识别眼”的可靠性，若它能非常精准地识别出一张新图片是虾兵还是蟹将，法宝就炼制成功了！

知识点

准确率（Precision）= 正确识别的虾兵蟹将数 / 虾兵蟹将总数 ×100%

召回率（Recall）= 正确识别为虾兵的数量 / 虾兵原本的数量 ×100%

F1 值 =（准确率 × 召回率）/（准确率 + 召回率）

开启图像分类的实践之路

第一步 创建模型

说时迟，那时快，哪吒已经摩拳擦掌地准备大显身手了！首先，第一个任务是确定模型类型，配置模型基本信息，并记录希望模型实现的功能。

1）打开 EasyDL 平台主页，网址为 https://ai.baidu.com/easydl/。

点击图 2-7 中的【立即使用】按钮，会显示如图 2-8 所示的【选择模型类型】选择框，选择模型类型为【图像分类】，进入图 2-9 所示的操作台界面。

图 2-7　EasyDL 平台主页

选择模型类型

图像分类　物体检测　图像分割　文本分类-单标签
文本分类-多标签　短文本相似度　情感倾向分析　文本实体抽取
文本实体关系抽取　语音识别　声音分类　视频分类
目标跟踪　表格数据预测　时序预测　零售行业版
OCR

图像　文本　语音　视频　结构化数据　行业版　OCR

图 2-8　选择模型类型

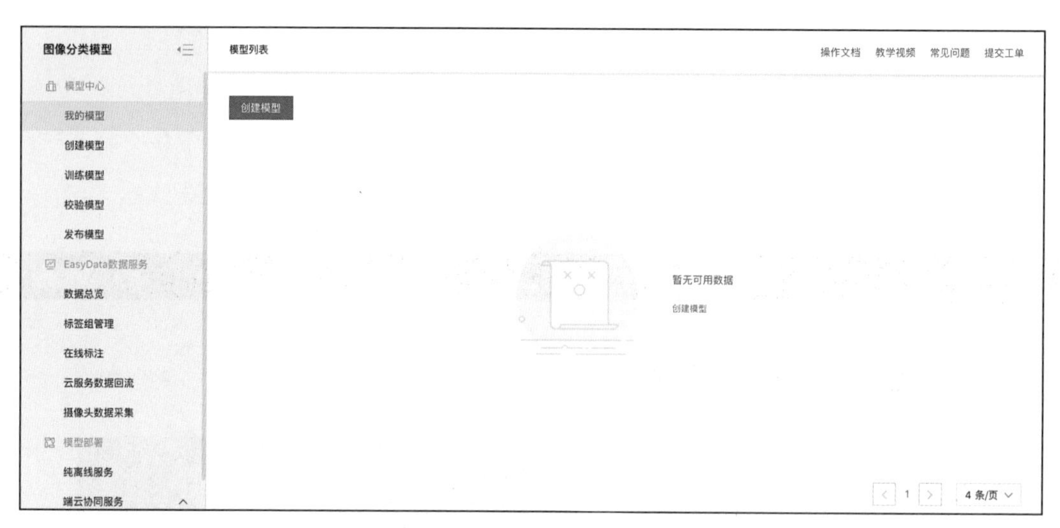

图 2-9　操作台界面

2）创建模型。点击操作台页面中的【创建模型】按钮，显示如图 2-10 所示的界面。在该界面中填写模型名称为“虾蟹分类”，模型归属选择“个人”，填写联系方式、功能描述等信息，点击【完成】按钮，完成模型的创建。

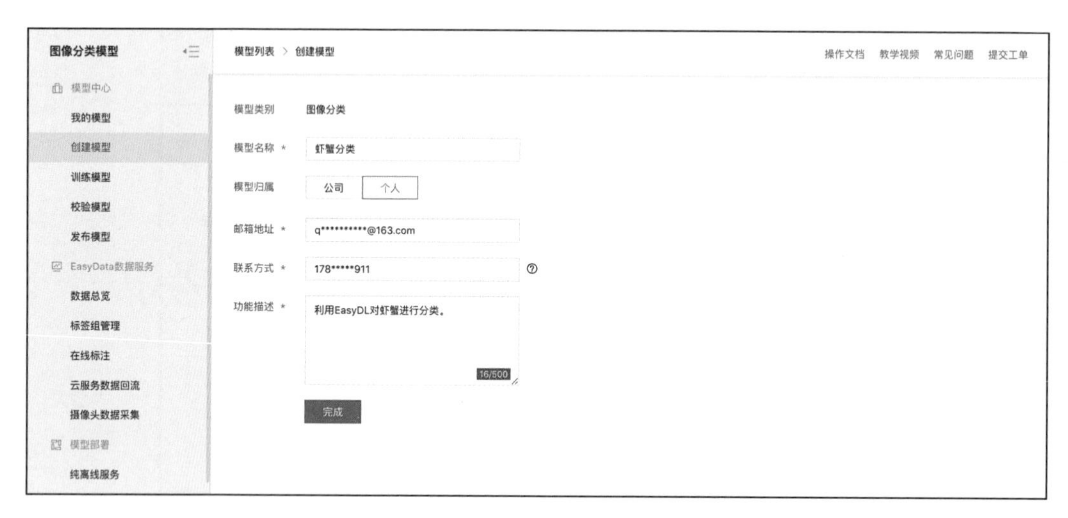

图 2-10　创建模型

3）模型创建成功后，就可以在【我的模型】中看到刚刚创建的“虾蟹分类”模型，如图 2-11 所示。

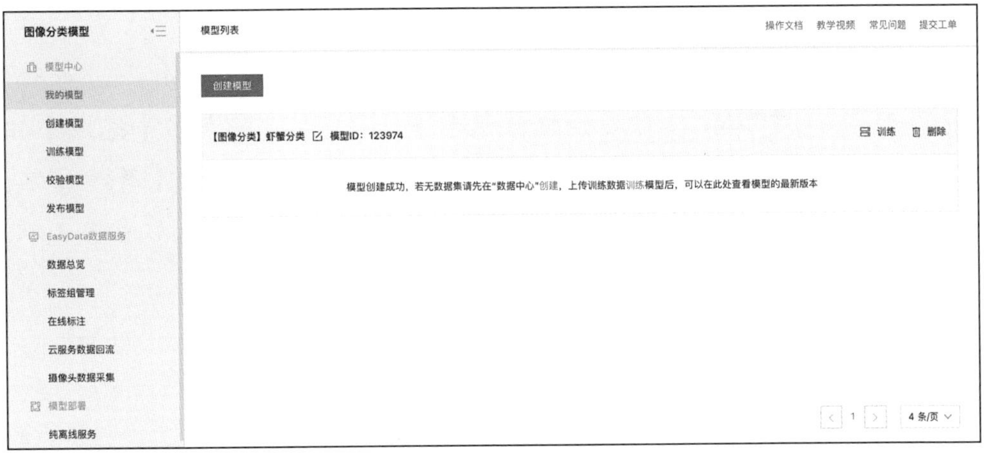

图 2-11　模型列表

第二步　准备数据

这个阶段的主要工作是根据具体图像分类的任务准备相应的数据集，并把数据集上传到 EasyDL 平台，用来训练模型。

（1）准备数据集

首先，准备用于训练模型的图像数据。对于虾蟹分类任务，我们准备了龙虾和螃蟹两种类型的图像。图片格式均为 jpg，除此之外还支持 png、bmp、jpeg 格式的图片。

然后，将准备好的图像数据按照分类存放在不同的文件夹里，文件夹名称即为图像对应的类别标签（longxia、pangxie）。此处要注意，图像类别名即文件夹名称只能包含字母、数字、下划线，不支持中文命名。

最后，将所有文件夹压缩，命名为 xiaxie.zip，压缩包的结构示意图如图 2-12 所示。

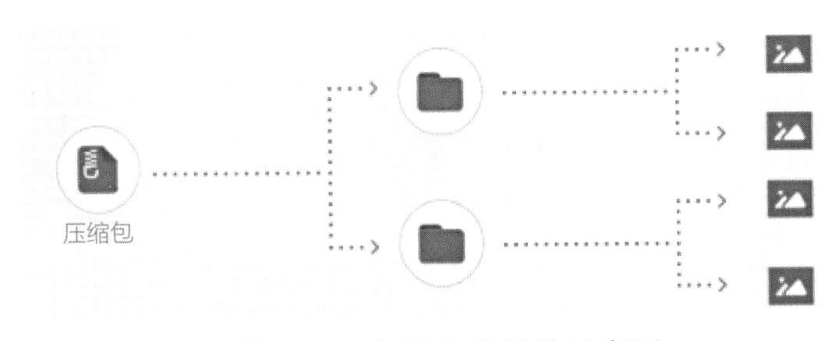

图 2-12　压缩包的结构示意图

（2）上传数据集

点击图 2-13 所示的【数据总览】中的【创建数据集】按钮，进行数据集的创建。如图 2-14 所示，填写数据集名称及标注类型，点击【完成】按钮，然后在“数据总览”页面中点击【导入】，数据标注状态选择【有标注信息】，导入方式选择【本地导入】并上传压缩包 xiaxie.zip，上传完成后点击【确认并返回】按钮，如图 2-15 和图 2-16 所示。

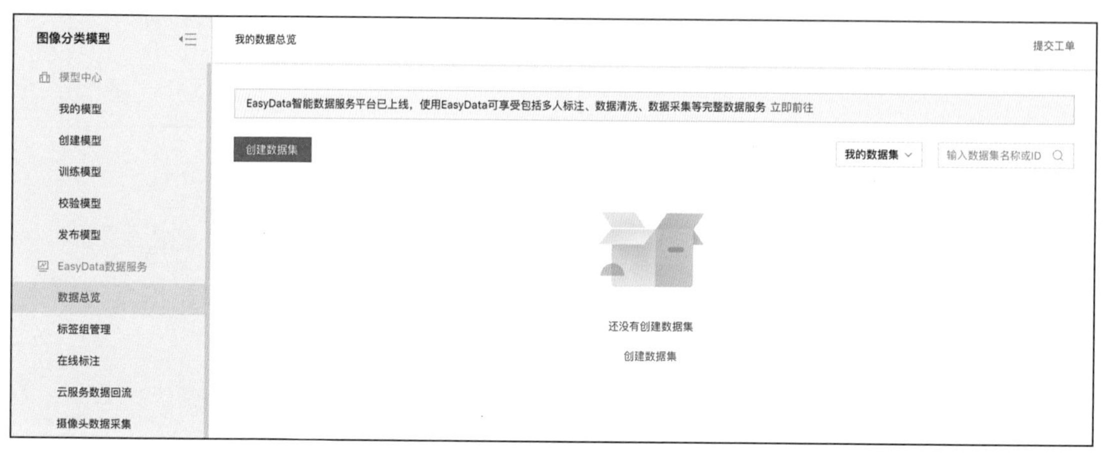

图 2-13　创建数据集

图 2-14　填写数据集信息

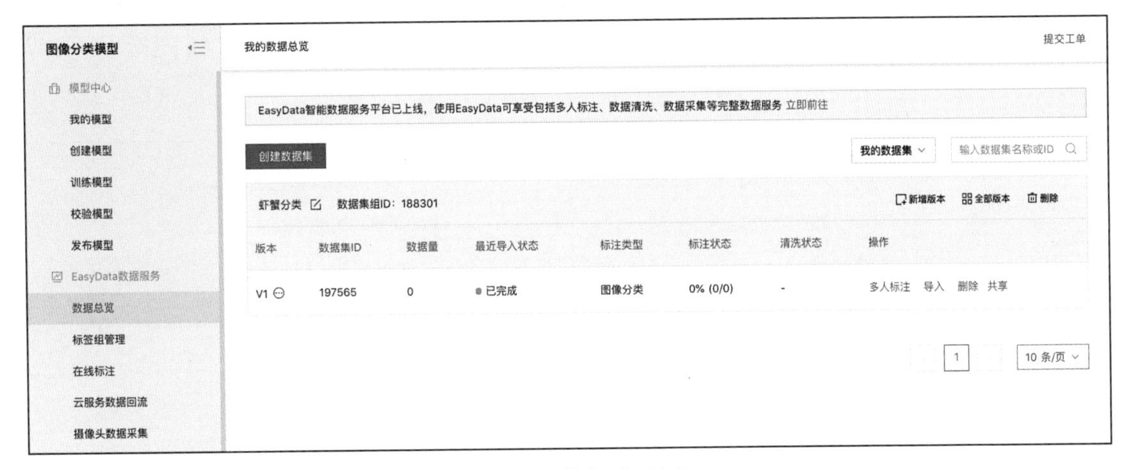

图 2-15　数据集列表

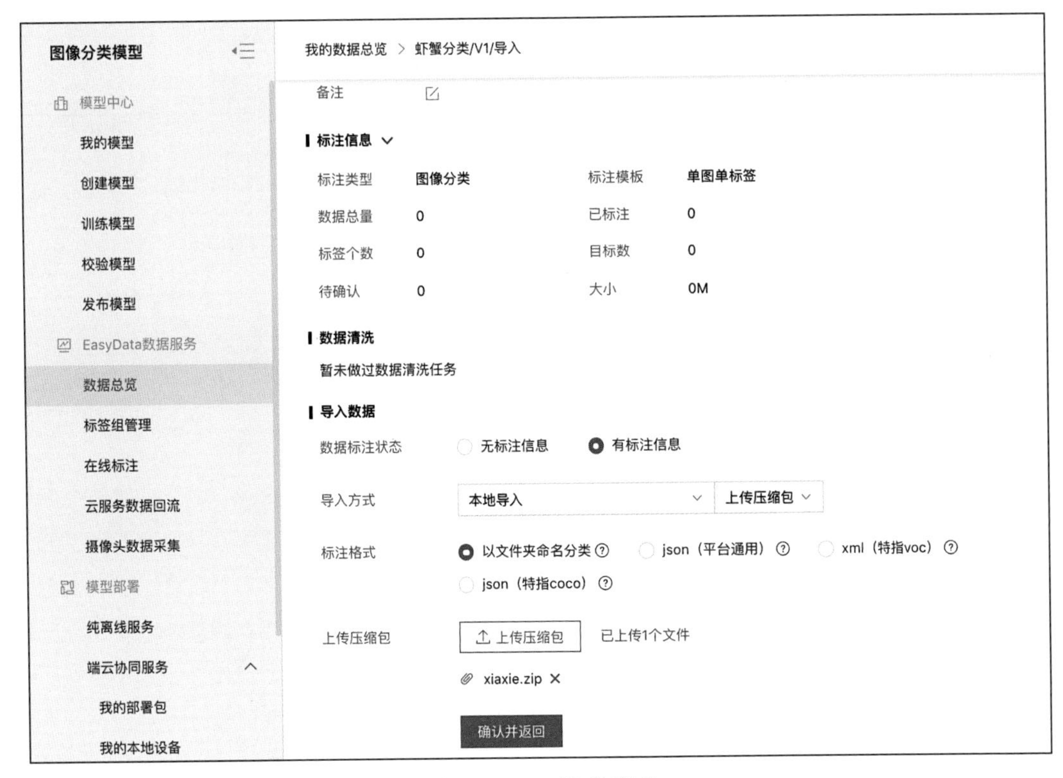

图 2-16　上传数据集

（3）查看数据集

上传成功后，可以在【数据总览】中看到数据集正在导入，如图 2-17 所示。数据集上传后，需要一段处理时间，大约几分钟后就可以看到数据上传的结果了，如图 2-18 所示。

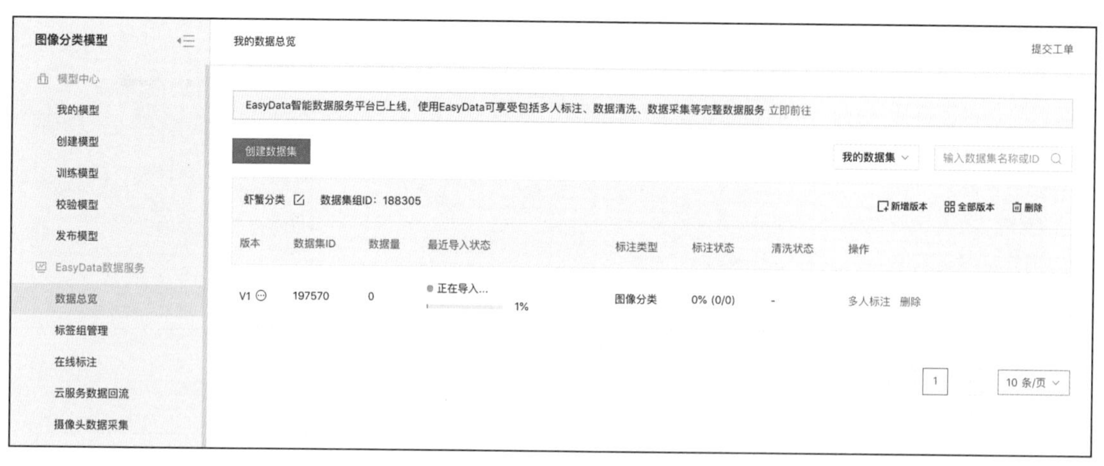

图 2-17　数据集导入中

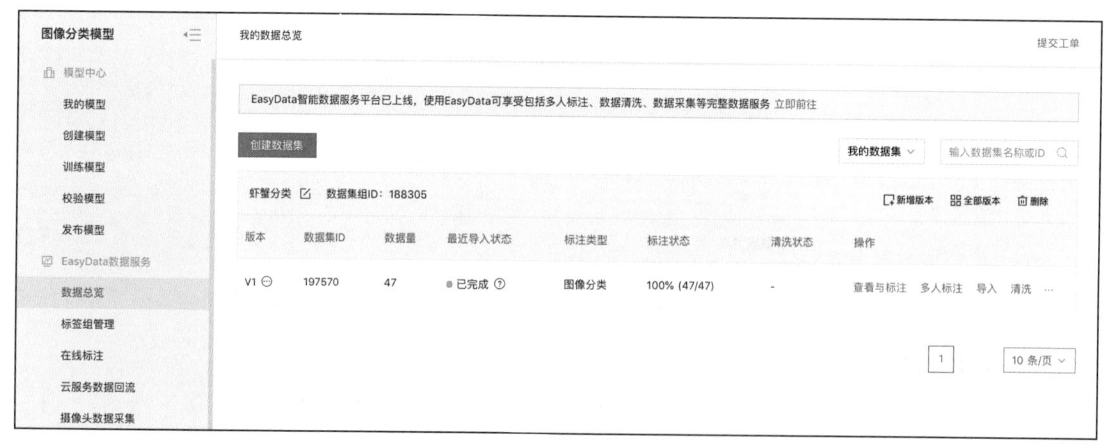

图 2-18　数据集导入成功

点击【查看与标注】，可以看到图像被分为 longxia 和 pangxie 两个标签，如图 2-19 所示。

第三步　训练模型并校验结果

经过前两步，已经创建好了一个图像分类模型，并且创建了数据集，本步骤的主要任务是用上传的数据训练模型，并且在模型训练完成后，在线校验模型的效果。

图 2-19　数据标注

（1）训练模型

经过第二步上传数据成功后，在【我的模型】界面中，点击“虾蟹分类”模型项目的【训练】按钮，在【训练模型】界面中，选择之前创建的图像分类模型，添加分类数据集，就可以开始训练模型。训练时间与数据量有关。这个过程如图 2-20、图 2-21、图 2-22 和图 2-23 所示。

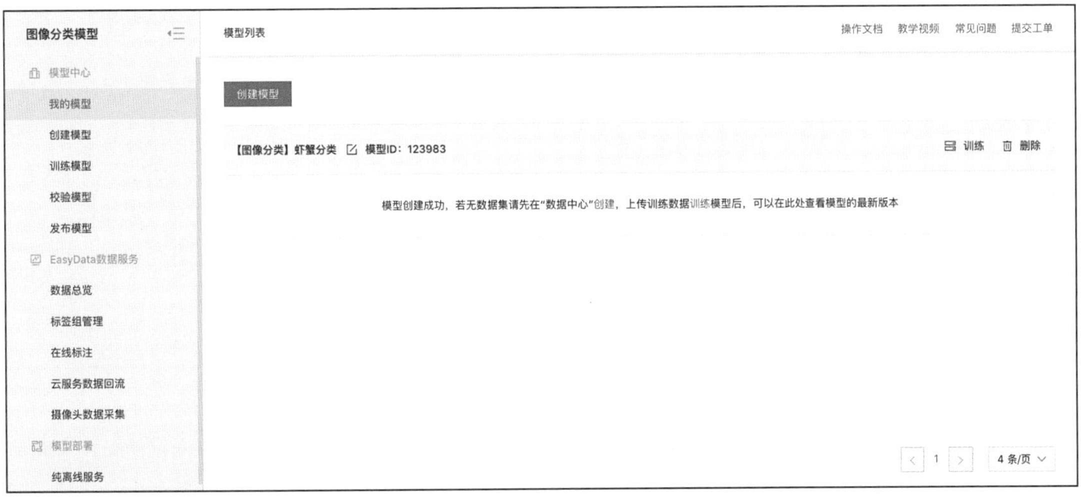

图 2-20　点击【训练】按钮

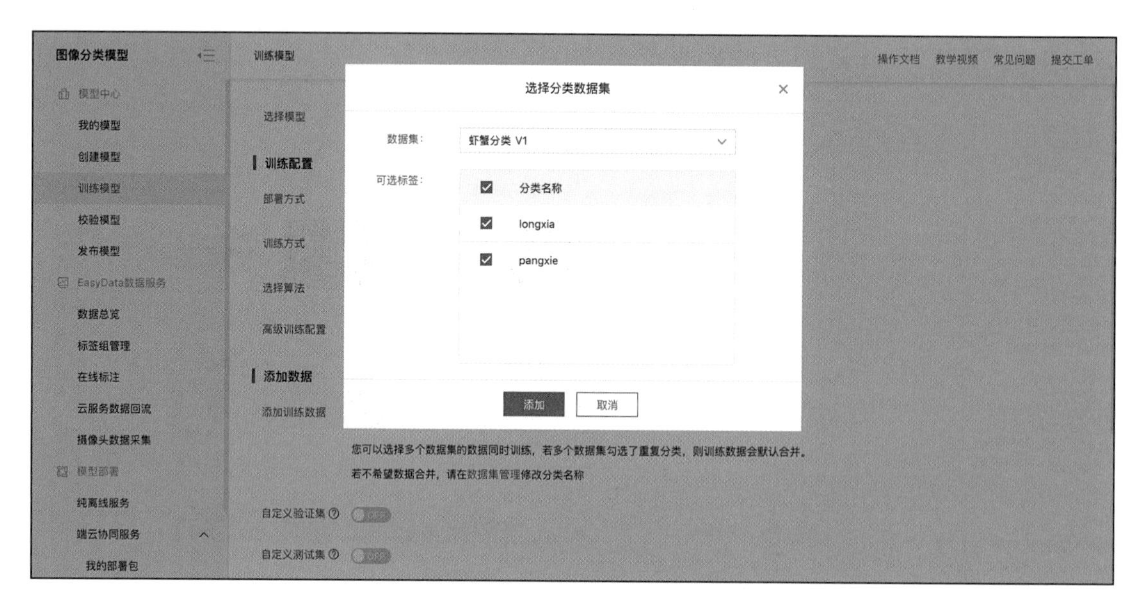

图 2-21　添加分类数据集

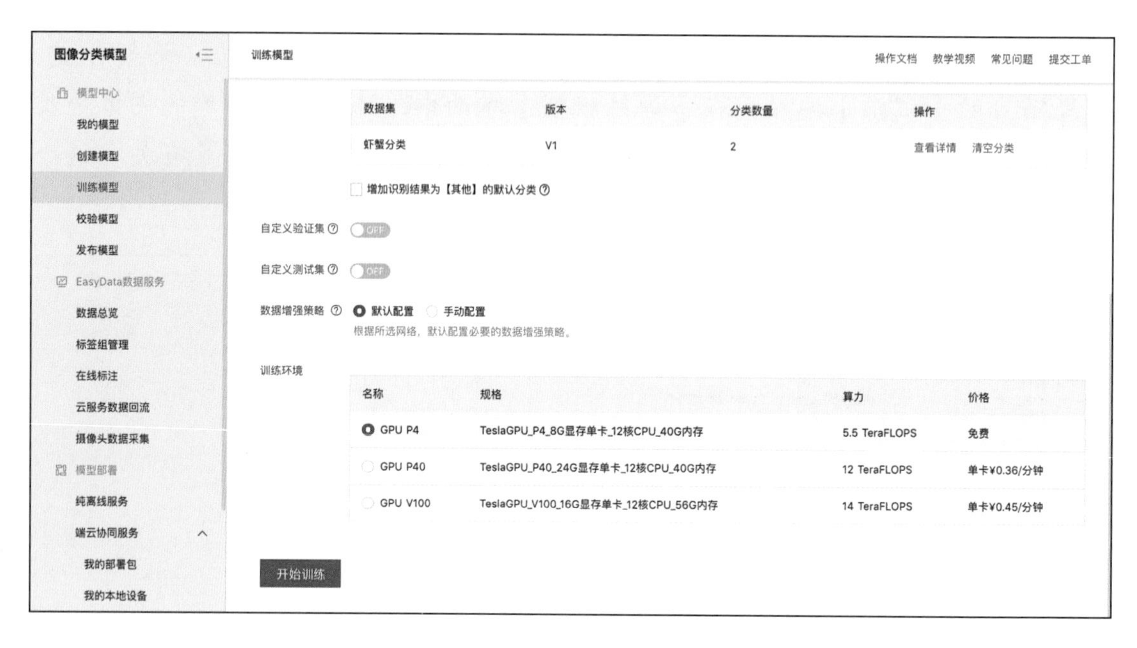

图 2-22　训练模型

图 2-23　模型训练中

（2）查看模型效果

模型训练完成后，在【我的模型】列表中可以看到模型效果，如图 2-24 所示。点击图 2-24 中的【完整评估结果】，可以看到模型训练的整体情况说明，结果显示该模型的训练效果是比较优异的，如图 2-25 所示。

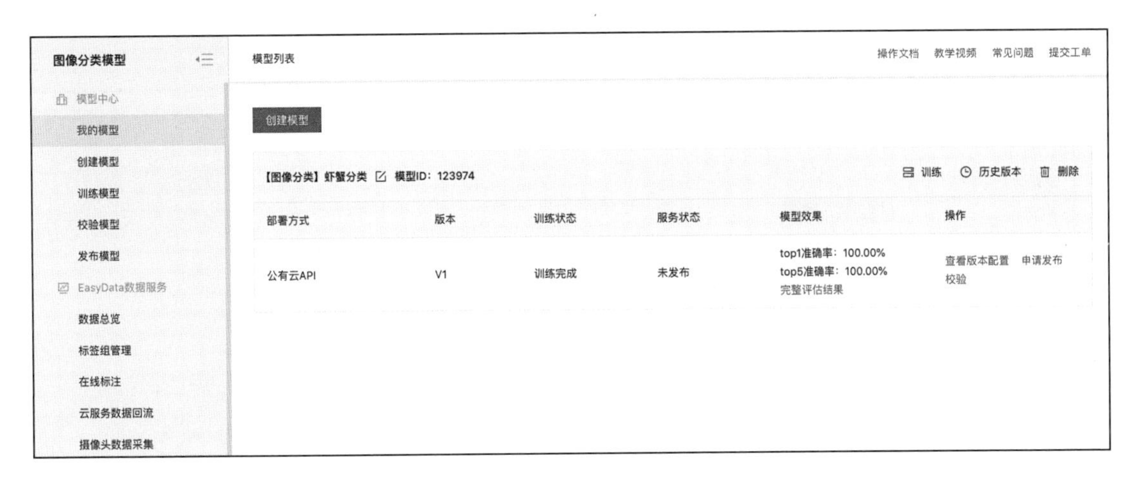

图 2-24　模型训练结果

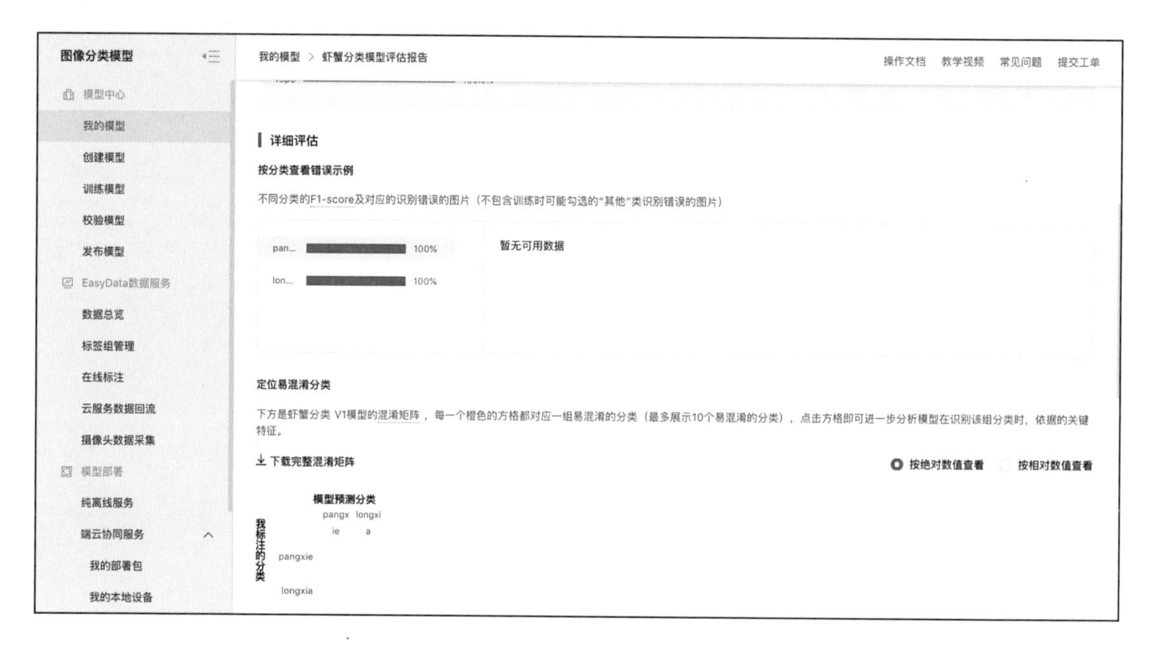

图 2-25　模型整体评估

（3）校验模型

点击图 2-26 中的【启动模型校验服务】按钮，大约等待 5 分钟后，进入【校验模型】界面，如图 2-27 所示。

图 2-26　模型校验

图 2-27　校验模型界面

然后，准备一条图像数据，在【校验模型】界面中点击“点击添加图片”按钮添加图像。

最后，使用训练好的模型对上传的图像进行预测，如图 2-28 所示，成功识别出图像中的物体为螃蟹。

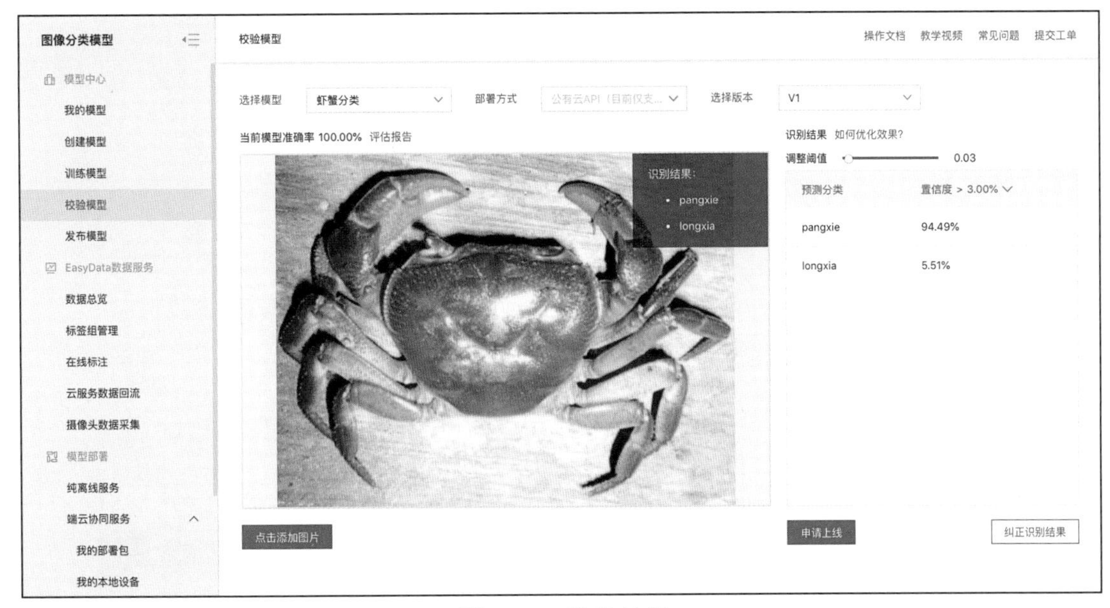

图 2-28　校验结果

只见不出半小时，哪吒就把敖丙的三千虾兵蟹将全部辨认清楚了，敖丙一行人惊得目瞪口呆。哪吒昂首阔步地走到敖丙面前，义正词严地说道：“小爷我做到了！回去告诉你父王赶紧给陈塘关施雨，以后休得再兴风作浪！”

“啥？你说啥？”敖丙装傻充愣地环顾四周说道：“你们刚才听到我说什么了吗？”“没有，没有！”虾兵蟹将的嘲笑声不绝于耳。

这可把哪吒气得肝胆欲碎、发指眦裂，他咬牙切齿道：“敖丙，你这无耻小人，不守诺言，为非作歹，无可救药！小爷我今日要给你点颜色看看！”

话音未落，只见敖丙手持方天画戟向哪吒刺来，哪吒纵身一闪，让敖丙扑了个空。敖丙恼羞成怒，示意虾兵蟹将冲上去围攻。哪吒忍无可忍，一把甩出混天绫把三太子牢牢捆住，乾坤圈一出，直接击中了敖丙的头部，瞬间将他打回原形。这一战哪吒锋芒毕露，虾兵蟹将见三太子被打死，吓得魂不附体，连滚带爬地钻回了水里。哪吒见这家伙元神竟是一条通体晶莹剔透的小白龙，想起父亲常年征战，腰带都磨损了，龙筋可是做腰带上好的材料，于是“唰”的一声抽出龙筋，高高兴兴地扬长而去（见图 2-29）。

图 2-29　哪吒怒抽龙筋

太乙真人的法器库

哪吒回到家后开始犯愁了：这次虽然大胜而归，但全是EasyDL的功劳，万一手边没有EasyDL，那岂不是要一败涂地了？哪吒灵光一现，想起在乾元山金光洞的法器库里见过师父太乙真人的三大法宝：AI Studio、Python和PaddleHub。若是学会这三大法宝的使用方法，即使身边没有EasyDL，依然可以使用人工智能法术，这样岂不是可以永远立于不败之地？

AI Studio

百度AI Studio是针对AI学习者的在线一体化学习与实训社区，集合了AI教程、深度学习样例工程、各领域的经典数据集、云端的超强运算及存储资源，以及比赛平台和社区。其官网地址为https://aistudio.baidu.com/。

进入AI Studio官网后，点击“项目”，即可进入项目列表页面，如图2-30所示。

图2-30 百度AI Studio项目列表

在该页面中可以创建自己的项目。点击“创建项目”按钮，出现如图 2-31 所示的界面。创建一个 AI Studio 项目主要分为以下三步。

1）选择要创建的项目类型，此时我们默认选择 Notebook 项目。

图 2-31　创建项目

2）配置项目环境，AI Studio 内置了 Python 3.7 和 Python 2.7 两个版本，如图 2-32 所示。我们可以根据需要来选择，这里我们选择了 Python 3.7。

图 2-32　配置项目环境

3）添加项目的描述信息，如项目名称、项目描述等，此外，还可以为该项目选择项目标签，如图 2-33 所示。

图 2-33　添加项目描述信息

点击“创建”按钮，弹出如图 2-34 所示的窗口。

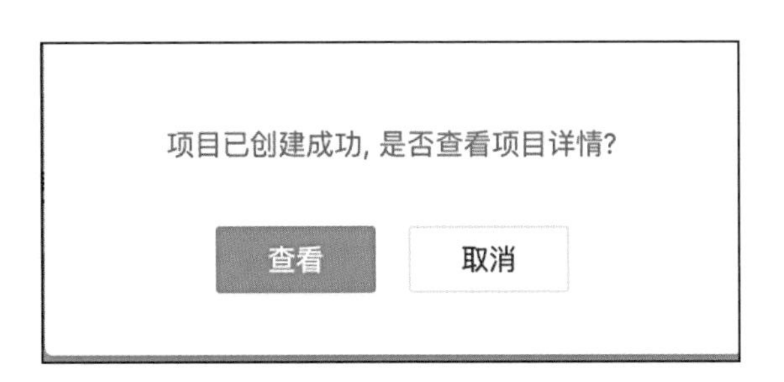

图 2-34　项目创建成功

点击“查看”按钮，进入如图 2-35 所示的界面。

图 2-35　查看项目详情

点击“启动环境”按钮，弹出如图 2-36 所示的界面。

选择该项目的运行环境，包括基础版、高级版、至尊版，默认选择基础版。

点击“确定”按钮后，进入如图 2-37 所示的界面，就可以开始编写 Python 代码并运行了。

对于此环境的使用，可以参考 AI Studio 帮助文档：https://ai.baidu.com/ai-doc/AISTUDIO/sk3e2z8sb。

Python

我们在做人工智能研究的时候，最常用的计算机编程语言就是 Python，它使用简单、方便，提供了强大的数据处理功能，对于初学者也十分友好。下面对 Python 的基础内容进行介绍。

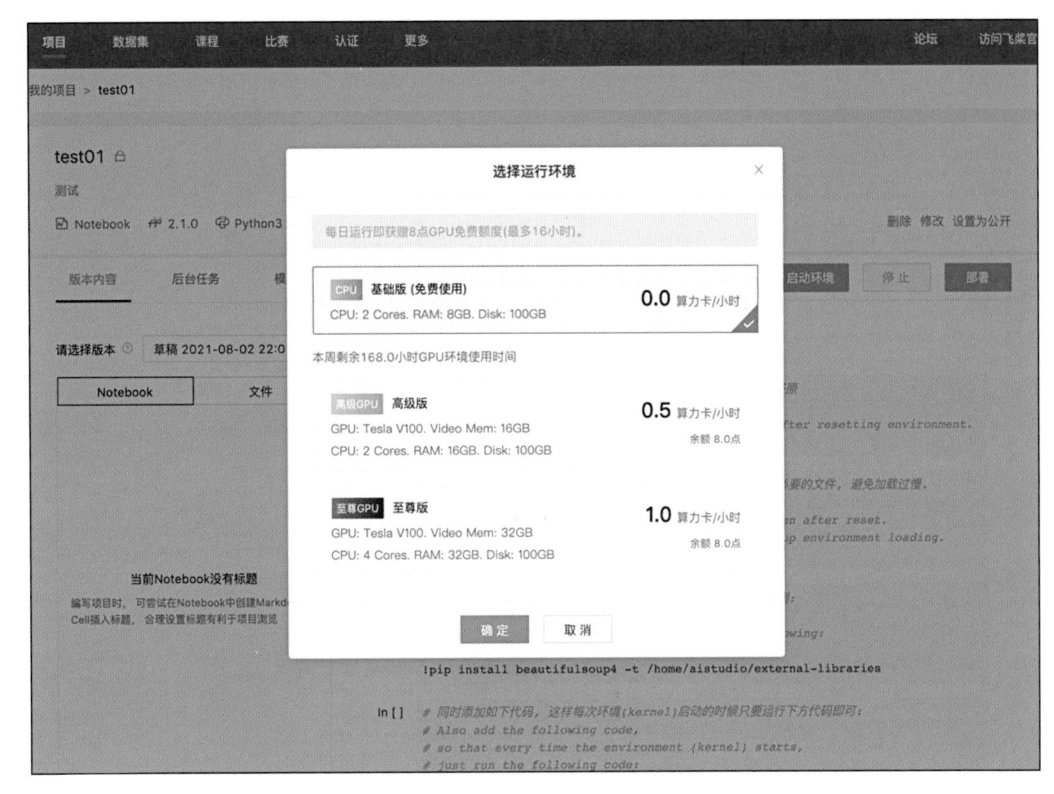

图 2-36　选择运行环境

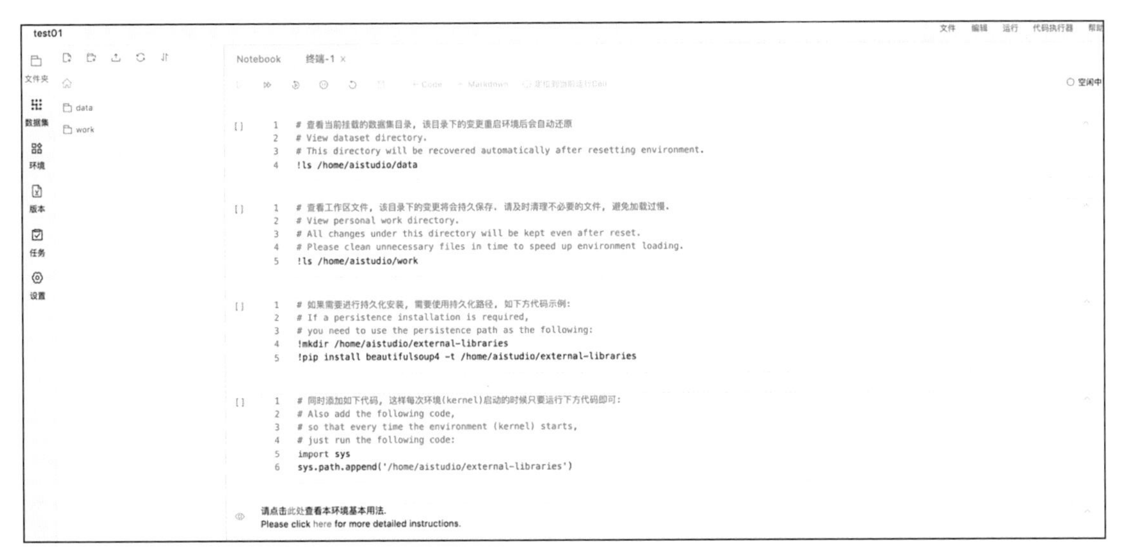

图 2-37　编辑 Python 代码并运行

1）行与缩进。在 Python 中，一行通常代表一个操作或者一个执行命令。同一个模块中的代码必须行首对齐，模块内部要有四个空格的缩进。如图 2-38 所示，对于第 2 ～ 4 行，每行为一个单独的模块，因此行首对齐；对于第 7 ～ 10 行，由于第 9 ～ 10 行为模块的内部，因此相对于第 7 行有四个字符的缩进。Python 利用对齐与缩进来标识不同的模块，这是我们在编程过程中尤其需要注意的。

```
1   # 定义三个变量
2   a = [1, 2, 3, 4, 5]
3   b = 'hello world'
4   c = (6, 8, 9)
5
6
7   def get_string_input():
8       """定义一个获得字符串输入的函数"""
9       s = input()
10      return s
11
12
13  '''定义一个获得整数输入的函数'''
14  def get_int_input():
15      n = int(input())
16      return n
```

图 2-38　代码的行与缩进

2）输入与输出。Python 使用 input() 函数从控制台读取一个输入，使用 print() 函数进行输出。如图 2-39 所示，input() 函数用内部的文字进行输入提示，Python 3 默认的输入数据类型为字符串，第 1 行表示将输入的字符串赋值给变量 *s*，print(*s*) 表示将 *s* 的值输出。可以同时输出多个变量值，比如调用 print(*s*, *s*, *s*, *s*) 可以将 *s* 输出四次。

```
>>> s = input('请输入：')
请输入：hello world
>>> print(s)
hello world
>>> print(s,s,s,s)
hello world hello world hello world hello world
```

图 2-39　输入、输出代码演示

3）注释。所谓注释，就是一些说明性的文字，不是程序所执行的命令。注释用来帮助我们标识函数的功能。

4）循环语句。循环语句是指重复执行的一段代码，通常使用 for 语句实现循环。比如，我们想一次输出列表中的每个元素，如图 2-40 所示，有两种方法。第一种方法如 3 ～ 4 行代码所示，表示对于列表 *a* 中的每个 number，依次输出其值；第二种方法如 6 ～ 7 行代码所示，我们首先使用 len(*a*) 获得 *a* 的长度，然后使用 range(len(*a*)) 生成一个整数索引区间 [0, 1, 2,⋯, len(*a*)−1]，里面的数分别代表 *a* 中每个元素的下标，从前往后遍历该下标，用 *a*[*i*] 输出第 *i* 个位置的元素值。

```
1  a = [1, 2, 3, 4, 5]
2  
3  for number in a:
4      print(number)
5  
6  for i in range(len(a)):
7      print(a[i])
```

图 2-40　循环语句代码演示

更多 Python 教程，请参考 https://docs.python.org/zh-cn/3/tutorial/index.html。

PaddleHub

PaddleHub 是百度公司的深度学习平台 PaddlePaddle 生态下的模型管理工具，它封装了图像分类、目标检测、视频分类等方面的若干模型，用户通过简短的代码即可实现人工智能任务。

我们可以进入 https://www.paddlepaddle.org.cn/hublist 网页来查看并选择需要的模型，如图 2-41 所示。在该界面中，我们可以筛选需要的模型分类，还可以看到具体的模型名称，以及实现方案。

当单击一个模型后，可以看到该模型的具体说明以及使用的示例代码，如图 2-42 所示。

图 2-41　PaddleHub 模型搜索

图 2-42　模型说明及示例代码

家庭作业

检测关内是否有妖族混入

为保障陈塘关村民的生命安全，需要设计一套人工智能系统，用于识别照片中哪些是人，哪些是妖，以防有妖族混入陈塘关。

扫描封底二维码，下载数据集，结合家庭作业参考答案，即可完成这个小任务。

情感分析晓民意，莲花涅槃绝处生

何为情感分析

龙王得知儿子的死讯，怒不可遏！于是召集四海龙王水淹陈塘关为子报仇。刹那间，乌云翻滚，浊浪滔天。李靖以为是哪吒顽皮犯下大错，怒斥道："逆子！父母赐你骨血肉身，你却穷兵黩武、暴戾乖张，如今酿下大祸，累及百姓！留你何用？"一边是父亲苦苦相逼，一边是龙王凶残肆虐。进退两难的哪吒剑指苍天，昂首道："老妖龙，你听着，我哪吒一人做事一人当，不许你祸害苍生！"又回首望向怒发冲冠的李靖和早已泣不成声的殷夫人，万念俱灰道："爹！娘！孩儿不孝！今日我剔骨还父，割肉还母，再不连累你们！"哪吒愤而举剑，含恨割喉，身死殒命（见图 3-1）。

太乙真人闻讯悲痛不已，扼腕叹息之余又甚感疑惑："我徒儿哪吒虽说顽劣了些，倒也不至于滥杀无辜、草菅人命啊！"于是，他决定调查一下陈塘关百姓对哪吒的看法，看看自己的徒儿到底是真的十恶不赦，还是为民请命。

太乙真人强忍内心的悲痛，打开了如意乾坤袋，在浏览器中输入 https://ai.baidu.com，进入百度 AI 开放平台，如图 3-2 所示，在"开放能力"下选择"自然语言处理"，点击"情感倾向分析"，拿出法宝"情感分析笔"。

图 3-1　四海龙王水淹陈塘关，哪吒为保护百姓自刎

Bai大脑 | AI开放平台　开放能力　开发平台　行业应用　客户案例　生态合作　AI市场　开发与教学

技术能力
语音技术
图像技术
文字识别
人脸与人体识别
视频技术
AR与VR
自然语言处理 >
知识图谱
数据智能
场景方案
部署方案

语言处理基础技术 >
词法分析 热门
词向量表示
词义相似度
依存句法分析
DNN语言模型
短文本相似度 热门

文本审核 > 热门
色情识别
暴恐违禁
政治敏感
恶意推广
低俗辱骂
低质灌水

文心ERNIE > 新品

语言处理应用技术 >
文本纠错
情感倾向分析 热门
评论观点抽取
对话情绪识别
文章标签 热门
文章分类
新闻摘要
地址识别 新品

智能文档分析 > 邀测

场景方案
智能招聘
合同智能处理 邀测
媒体 策采编审 邀测
消费者评论分析

机器翻译 >
通用文本翻译
垂直领域翻译
翻译定制化训练
文档翻译
语音翻译
图片翻译
英语口语评测
AI同传 邀测
翻译私有化部署

开发平台
内容审核平台
智能创作平台
智能对话定制与服务平台UNIT

AI中台 >

图 3-2　百度 AI 开放平台

如图 3-3 所示进入“情感倾向分析”页面后，拖动到“功能演示”部分，在输入框内输入村民们对哪吒的评价，页面立刻给出了分析结果：“情感偏正向”，如图 3-4 所示。原来哪吒是替村民伸张正义！

图 3-3 情感分析页面

功能演示

请输入一段想分析的文本： 随机示例

哪吒干得漂亮，就是要像你这样锄强扶弱，你就是大英雄！

分析结果： 对结果不满意？

情感偏正向

正向情感 99% 负向情感

图 3-4 情感分析演示结果

揭开情感分析的神秘面纱

太乙真人的“情感分析笔”是怎么炼成的呢？

其实就是借助了人工智能中的情感倾向分析技术，即通过对文本内容中所表达的含义进行分析，判断文本中的情感倾向，如褒义（正向）、贬义（负向）等。随着互联网的蓬勃发展，用户可以在社交网络、购物网站等平台上发表评论及意见，语料数据日趋庞大，针对篇章级（将整篇文章作为分析对象）、句子级（将整个句子作为分析对象）、词语级（将一个词语作为分析对象）的情感分析任务也越来越受到人们的重视。太乙真人的这个法宝能够完成句子级的情感分析任务，需要经过数据清洗与标注、中文分词、特征选择与表示、分类函数设计、模型训练与评估五大步。

数据清洗与标注

为什么要进行数据清洗呢？我们在收集到文本后，常常会发现收集到的数据包含一些无用的内容，比如下面的文本：

“我真太敬佩 # 英雄小哪吒 # 了，是我的楷模 .https://ww3.sinaimcn/.jpg”

这条文本中包含的部分内容对情感倾向分析来说是无用的，比如符号（#）、网页链接（https://ww3.sinaimcn/.jpg）、英文标点（.），需要对数据集中的这些内容进行处理，否则它们只会成为噪声影响情感分析的效果。具体的做法有以下几种：对不一致的标点符号进行统一，比如将英文“.”改为“。”；去除一些特殊符号，比如把“#”或者“\t”等去除；去除文本中的网址链接（URL）等。这样就完成了对数据的清洗，清洗后的数据如下：

“我真太敬佩英雄小哪吒了，是我的楷模。”

接下来，我们需要为“情感分析笔”准备训练语料，以备后续进行模型训练之用。我们根据每条文本表达的含义，对其赋予“正面”或“负面”的标签，构建出如下表所示的训练语料集。其中，每一行为一条数据，每条数据包含文本内容、文本标签两个部分。

文本内容	文本标签
我真太敬佩英雄小哪吒了，是我的楷模。	正向
哪吒有点法术就滥杀无辜，太嚣张了。	负向

中文分词

计算机如何理解一个句子的情感倾向呢？

观察上述句子可以发现，决定句子情感倾向的往往是一些重点词汇。比如，通过“楷模”这个词，我们就基本能判定这个句子的情感倾向是正面的。词语是情感分析模型中的关键要素，因此找出句子中的词至关重要，这就是中文分词。

早期的分词方法是通过词典来完成的，正向最大匹配算法是一种常用的通过词典进行分词的方法，通常要先设定一个最大长度 n，然后从句子的最左边开始，将由连续 n 个字构成的词与词典进行匹配，如果能够匹配词典中的词，就说明匹配成功；否则，就去掉该词最右边的字，将剩余部分组成的词继续和词典进行匹配，如此循环操作，直到在词典中找到这个词为止。接下来，对句子的剩余部分进行同样的处理，直到找到所有的词。

我们来看一个使用正向最大匹配算法进行分词的例子。

假设词典是 {“真”“敬佩”“太”“我”“英雄”“，”“小”“哪吒”“了”“楷模”“的”“是”“。”}，待分词的句子是“我真太敬佩英雄小哪吒了，是我的楷模。”。当设定最大长度为 4 时，分词的过程如下：

1）生成词“我真太敬”，与词典中的词进行匹配，匹配失败；

2）去掉最右边的字“敬”，使用“我真太”去与词典进行匹配，匹配失败；

3）去掉最右边的字“太”，使用“我真”去与词典进行匹配，匹配失败；

4）去掉最右边的字“真”，使用“我”去与词典进行匹配，匹配成功，分出第一个词“我”，句子剩余部分“真太敬佩英雄小哪吒了，是我的楷模。”取最左边四个字“真太敬佩”作为新的待匹配词。

重复上述过程，直到句子中所有的字都完成匹配，分词的最终结果是：“我 真 太 敬佩 英雄 小 哪吒 了 ，是 我 的 楷模 。”

特征选择与表示

分词完成后，怎么挑选不同情感倾向文本的特征呢？

观察分词结果“我 真 太 敬佩 英雄 小 哪吒 了 ，是 我 的 楷模 。”我们发现，不是所有的词都在情感倾向分析中发挥了作用，比如负向情感倾向的句子“哪吒 有 点 法术 就 滥杀无辜，太 嚣张 了。”中也同样包含“哪吒”“太”“了”这些词。如果把所有的词都作为特征来训练情感分析模型，不仅影响模型的训练速度，还会使模型的准确度下降。所以，需要对文本的特征进行选择，通过一定的方法从原始的词组中筛选出与情感倾向分类更紧密相关的词组，从而排除一些干扰特征，提高识别的准确率。

TF-IDF（Term Frequency-Inverse Document Frequency）是一种比较简单的特征选择方法，其核心理念是，如果一个词在一条文本中频繁出现，而在其他文本中出现的次数很少，那么这个词就具备较好的区分度，可以选作分类特征。因此，我们对文本中所有出现的词语计算 TF-IDF 值，选择 TF-IDF 值较大的词语作为该文本的特征词。如在“我 真 太 敬佩 英雄 小 哪吒 了 ，是 我 的 楷模 。”中，通过计算 TF-IDF 值，我们选择了“敬佩”“英雄”“楷模”作为该文本的特征词。

拓展阅读

特征选择有很多算法，包括 TF-IDF、互信息、信息增益法等，本书主要介绍 TF-IDF 方法，不对其他方法进行描述，感兴趣的同学可以查阅相关资料。

仅仅选出特征词是远远不够的。众所周知，计算机擅长处理二进制和数

字，但不能直接处理人类语言，因此我们需要将这些数据转换为机器可以理解的语言，即将所有的特征词转换为数值的表示形式。

早期使用独热编码（one-hot embedding）来对词进行数值转换。这个方法非常简单，首先将数据集中所有的词汇整理成一个词表，然后从 0 开始给每个词编号。要获得一条文本的向量，首先应生成一个维度为整个词表长度的全 0 向量，然后将文本中出现的词的编号对应位置的数值置为 1，这样，就获得了每一条文本的数字向量。

这种方式虽然简单，但存在一些问题。一是通过独热编码生成的独热向量维度特别高，将其作为特征输入到机器学习模型中时，会导致计算困难；二是独热编码没有包含词语之间的关系，比如无法看出“哪吒”和“李靖”之间的相关性。因此，在深度学习中，通常用概率语言模型 Word2Vec 来生成词向量，维度远远小于整个词表的长度，一般只有几十到几百维，可以有效地保留词语的语义信息。而且，向量中蕴含了词与词的相似性，在词向量的分布式表示空间里，语义相近的词语在空间距离上也会更接近。比如：

“国王”的词向量 - “男人”的词向量 + “女人”的词向量≈“皇后”的词向量

拓展阅读

Word2Vec 技术是一种神经概率语言模型方法。这个模型中包含两种方法，第一种是 CBOW 模型，这个模型通过上下文来推测中心词，以“你这次比武胜过了哪吒，为师很欣慰。”这句话为例，通过“胜过”附近的词“你”“这次”“比武”“了”“哪吒”来预测“胜过”这个词语出现的概率。第二种是 Skip-gram 模型，这个模型和 CBOW 模型相反，通过中心词来推测上下文词，从而学习到每个词的词向量，Word2Vec 的原理包含了大量的概率论知识，感兴趣的同学可以查阅相关资料。

因此，我们将“我真太敬佩英雄小哪吒了，是我的楷模。”这条文本的特征词“敬佩”“英雄”“楷模”分别对应的词向量加权求和，就得到这条文本对应的特征向量。如此，就可以把每一条文本转化为一个个有意义的特征向量，即 n 维空间的一个点，从而将文本分类的问题转化为数学中对点进行分类的问题。

分类函数设计

接下来，我们需要设计一个分类函数，也就是执行情感分析任务的决策器。该分类函数要将以上特征向量（即 n 维空间的点）分成两类，把每一条文本的特征向量（$x=\{x_1, x_2, \cdots, x_n\}$）映射到该文本所属的情感类别（例如是正向还是负向）。

你可能会说，这不是可以用第 2 章里对虾兵蟹将的图片分类时采用的线性判别函数 $f(x_1, x_2, \cdots, x_n)=w_1x_1+w_2x_2+\cdots+w_nx_n+b$ 来完成吗？

答案是可以的。但当存在非常多极大的 $f(x)$ 值时，选择一个合适阈值进行分类将会变得非常困难。因此，学者们考虑使用 S 形曲线逻辑斯蒂函数（Logistic 函数，如图 3-5 所示），对线性函数的输出进行处理，将输入范围为（$-\infty, +\infty$）的值映射到（0, 1）之间。这个结果具有概率意义，当输出结果为 0.8 时，则表示这条文本有 80% 的概率是正向的。

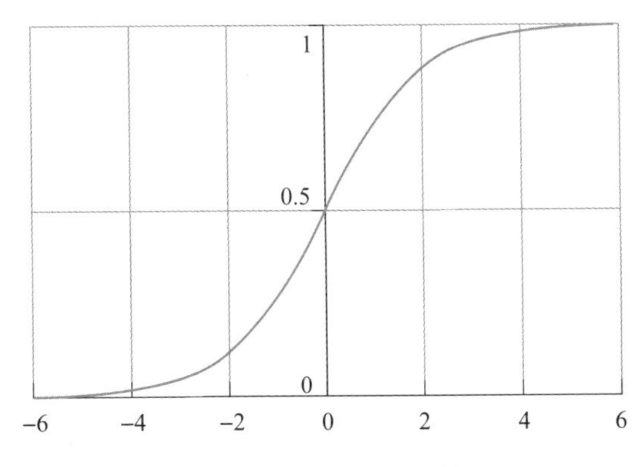

图 3-5　Logistic 函数

那么如何选择合适的参数值，将正向和负向文本准确地分开呢?

我们首先需要准备好训练数据，即将每一条文本的特征向量与人工标签拼接，用 0 来表示负向类别，用 1 来表示正向类别。当文本的特征向量维度是 4 维时，一条数据样本的示例如下：

$$(x_i, y_i) = (0.19, 0.29, 0.03, 0.21, 0)$$

前面四列是指该文本的特征向量，最后一列（0）是指文本的标签。

然后将这些训练数据不断输入“情感分析笔”人工智能模型，使其不断地学习优化，直到找到一组合适的 w、b 参数值，使整个模型的准确率、召回率和 F1 值达到令人满意的效果。这样，就完成了对“情感分类笔”这个法宝的炼制啦，使用它就能轻松地识别一条文本的情感倾向了!

拓展阅读

参数求解有很多算法，包括使用梯度下降法、使用交叉熵损失函数等，本书不对这些方法进行描述，感兴趣的同学可以查阅相关资料。

开启情感分析的实践之路

在上一节中，我们学习了如何训练一个情感倾向分类模型，本节将揭秘太乙真人是如何使用 EasyDL 平台来实现情感分析模型的。

第一步 创建模型

本阶段的主要任务是选择平台，确定模型类型，配置模型基本信息，并记录希望模型实现的功能。

1）打开 EasyDL 平台主页，网址为 https://ai.baidu.com/easydl/，如图 3-6 所示，点击【立即使用】，进入模型类型选择界面。

图 3-6　EasyDL 平台

2）如图 3-7 所示，选择模型类型为【情感倾向分析】，进入操作台界面，如图 3-8 所示。

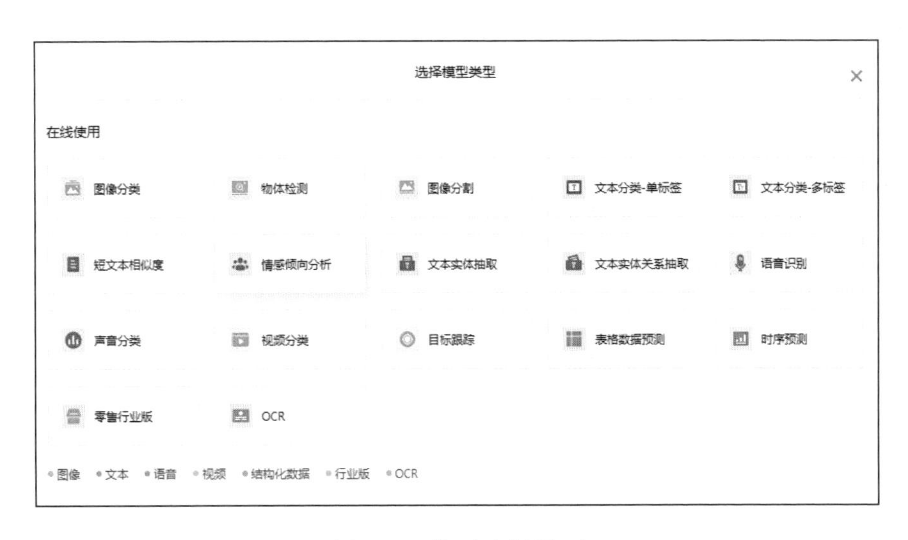

图 3-7　模型选择界面

图 3-8　操作台界面

3）接下来进行模型创建，点击操作台界面中的【创建模型】按钮，填写模型信息，点击【完成】按钮即可完成数据集的创建，如图 3-9 所示。

图 3-9　填写模型信息

4）模型创建成功后，可以在【我的模型】中看到刚刚创建的“哪吒评论分类”模型，如图 3-10 所示。

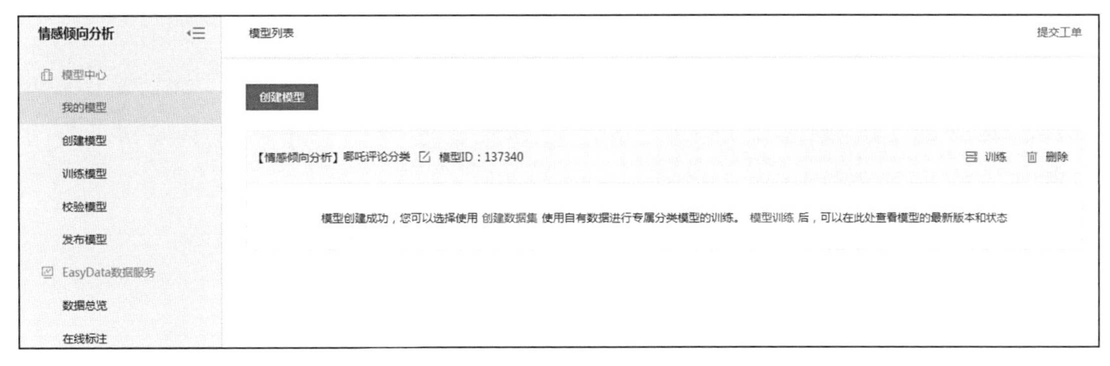

图 3-10　模型列表

第二步　准备数据

这个阶段的主要工作是根据情感倾向分析的任务准备相应的数据集，并把数据集上传到平台，用来训练模型。

（1）准备数据集

对于哪吒评论分类的任务，我们分别准备了积极（positive）和消极（negative）两种评论倾向。

比如，对于“哪吒勇敢又善良，是一个英雄”，很明显，这是一条积极的评论；而“哪吒顽劣，喜欢闯祸”显然是一条消极的评论。将每一条评论文本数据分别存放在文本文档中。

然后，将准备好的积极和消极的评论分别压缩并命名为 positive.zip、negative.zip，此处要注意标签名（即压缩包名称）需要采用字母、数字或下划线命名，不支持中文命名。压缩包的结构示意图如 3-11 所示。

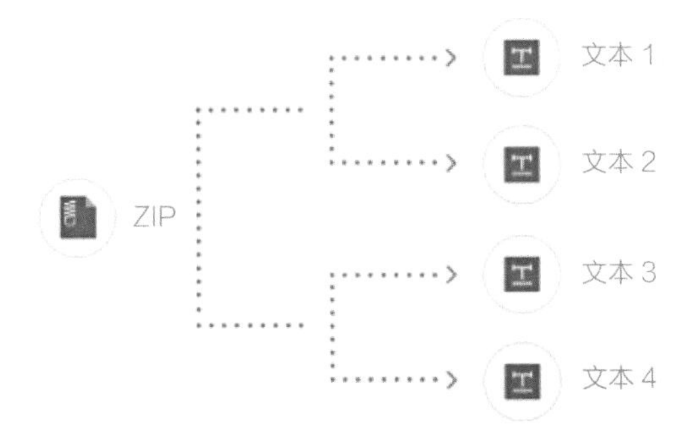

图 3-11　压缩包的结构示意图

（2）导入数据集

点击图 3-12 中【数据总览】的【创建数据集】按钮，即可进行数据集的添加。在如图 3-13 所示的界面中填写数据集信息并点击【完成】按钮，即可完成数据集的创建。

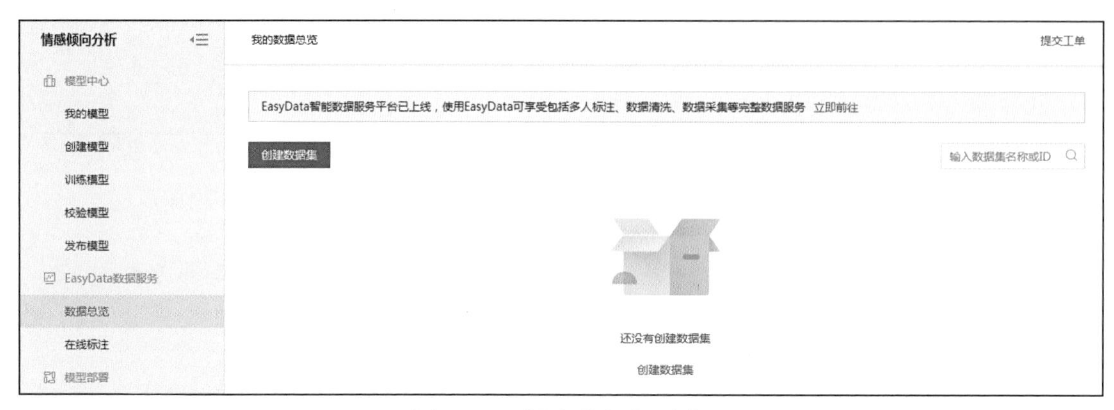

图 3-12　创建数据集列表

图 3-13　填写数据集信息

点击图 3-14 中的【导入】按钮，选择数据标注状态为【有标注信息】，导入方式选择【本地导入】并点击【上传压缩包】，选择 positive.zip、negative.zip 压缩包，如图 3-15 所示。可以在导入页面中下载示例压缩包，查看数据格式要求。

选择好压缩包后，点击【确认并返回】按钮，上传数据集成功，如图 3-16 所示。数据导入需要大约几分钟的时间即可完成，如图 3-17 所示。

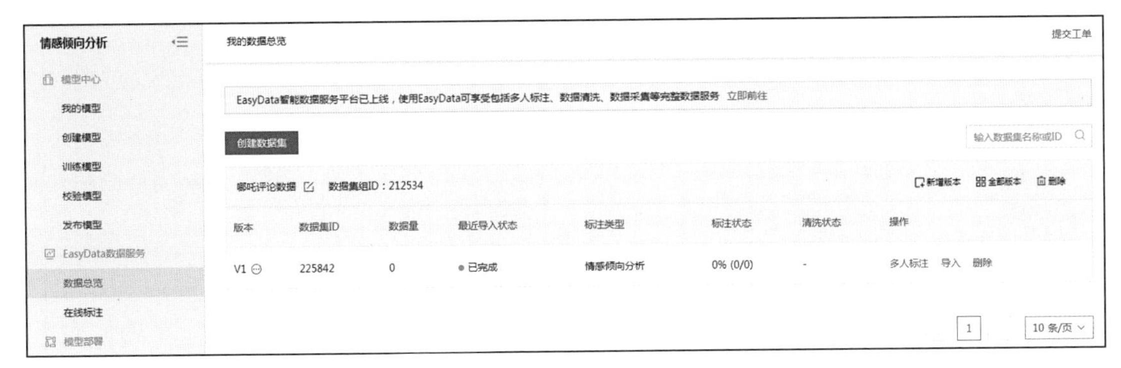

图 3-14　数据集展示

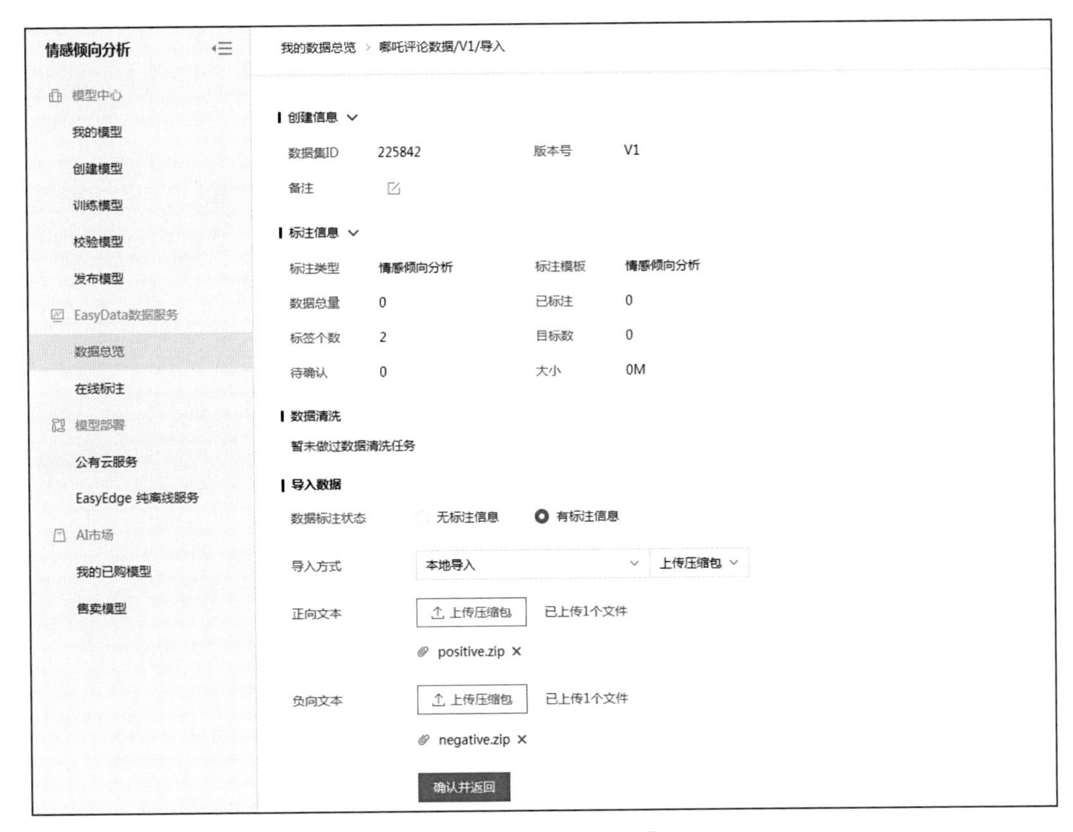

图 3-15　导入数据集

（3）查看数据集

点击图 3-17 中的【查看】按钮，可以看到数据的详细情况，如图 3-18 所示。

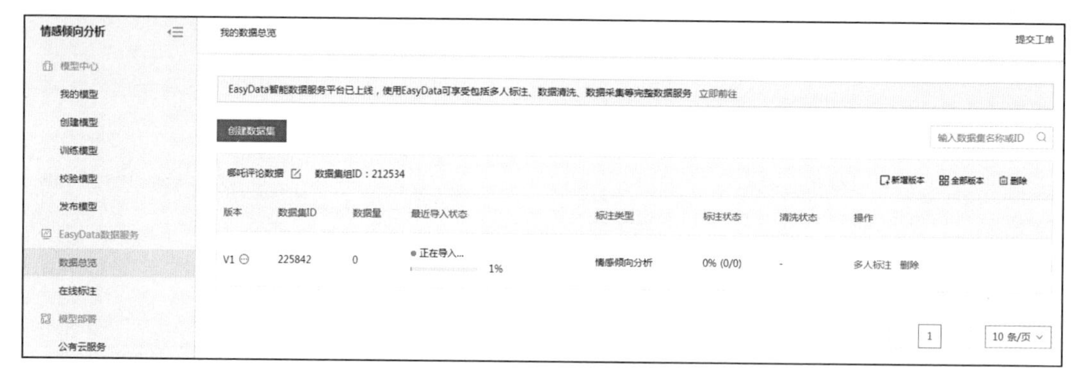

图 3-16 导入数据

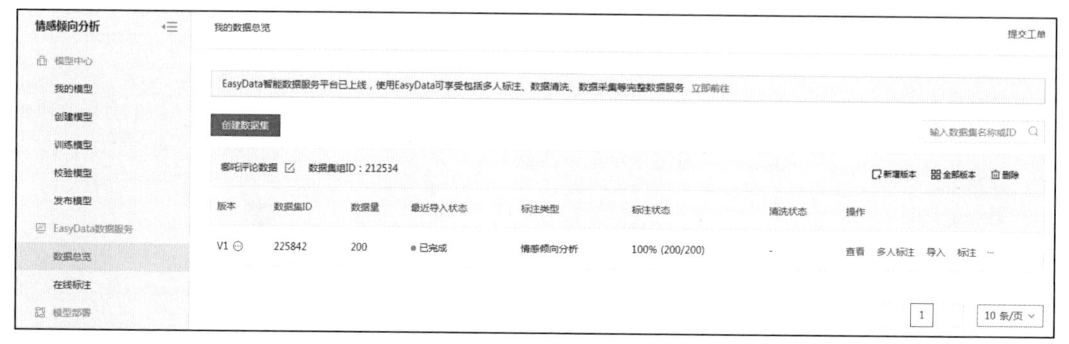

图 3-17 数据导入完成

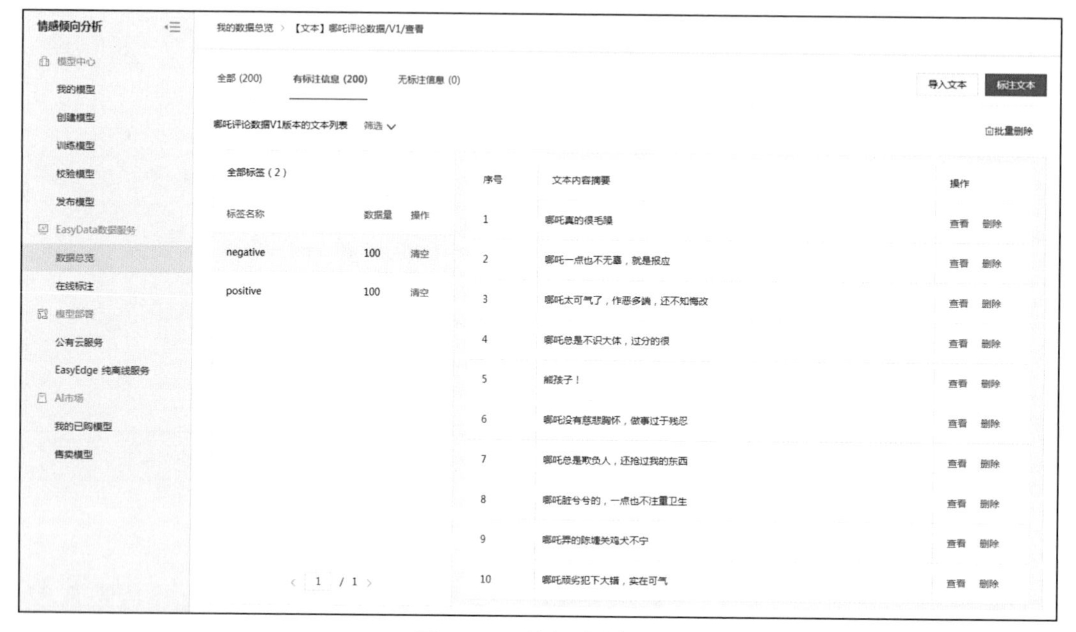

图 3-18 数据集详情

第三步 训练模型并校验结果

完成模型的创建后，接下来进行模型训练。

（1）训练模型

数据上传成功后，在【训练模型】中选择之前创建的情感倾向分析模型，添加分类数据集，点击【开始训练】进行模型训练，训练时间与数据量有关。这个过程如图 3-19、图 3-20、图 3-21 和图 3-22 所示。

图 3-19 模型训练

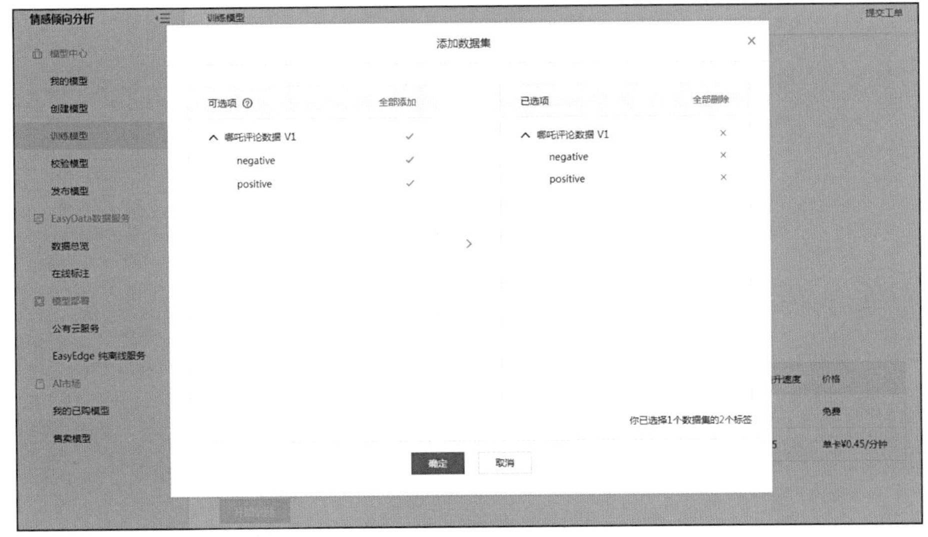

图 3-20 数据集选择

图 3-21　数据集选择完成

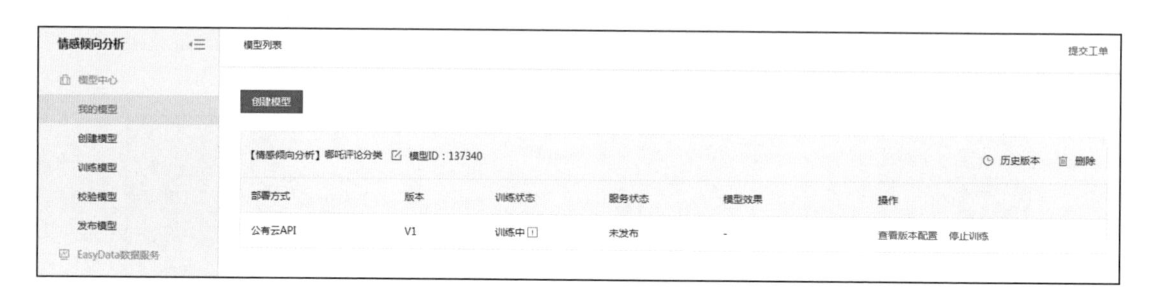

图 3-22　模型训练中

（2）查看模型

训练完成后，可在【我的模型】中查看模型训练的效果，如图 3-23 所示。点击【完整评估结果】可以查看详细的模型评估报告，如图 3-24 所示。从模型训练的整体情况可以看出，该模型训练效果是比较优异的。

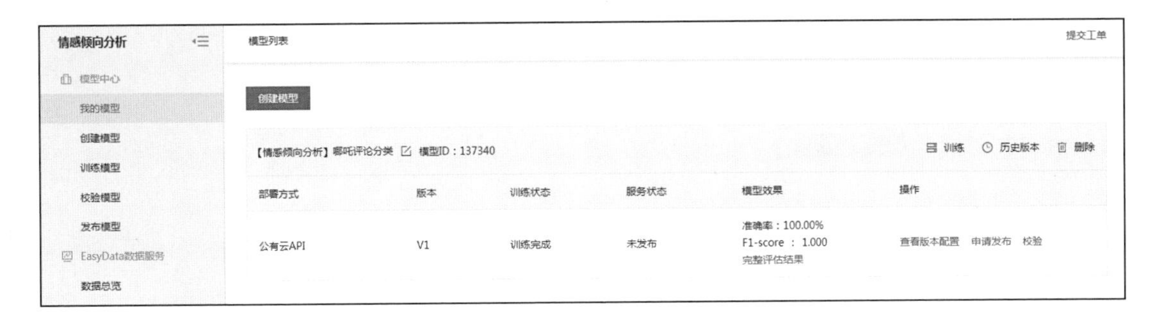

图 3-23　模型训练完成

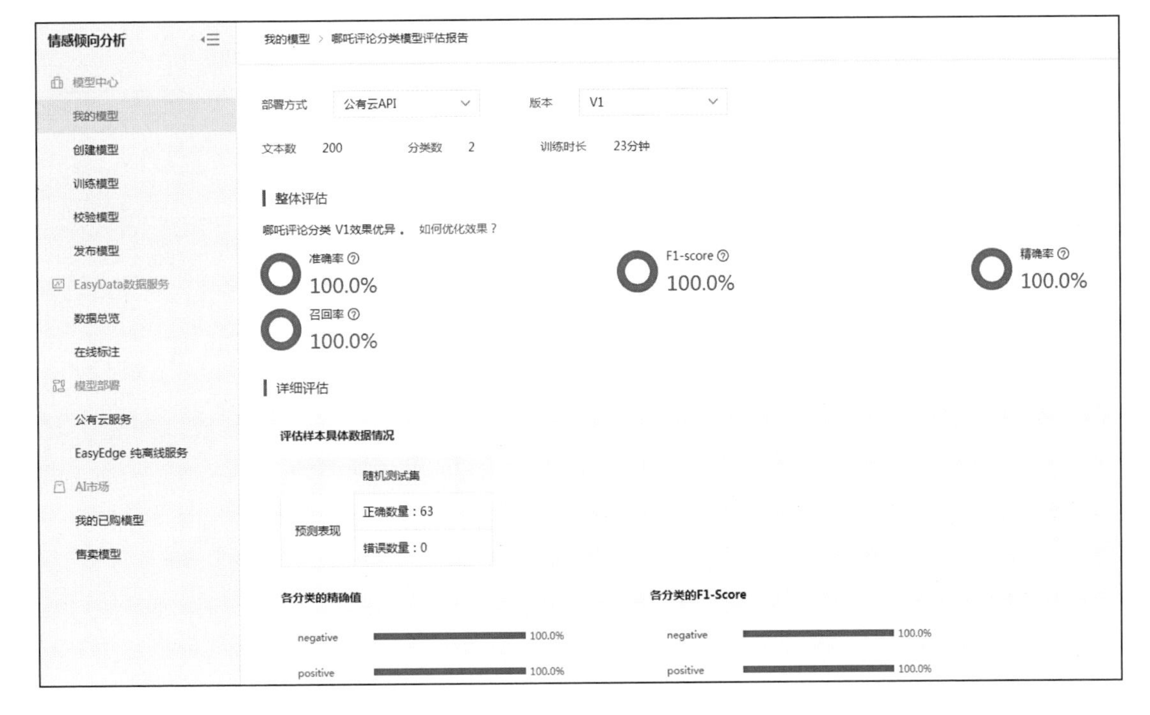

图 3-24　模型评估报告

（3）模型校验

我们可以在【校验模型】中对模型的效果进行校验，如图 3-25 所示。首先，点击【启动模型校验服务】按钮，大约需要等待 5 分钟。

然后，在文本输入框中输入想要校验的内容，如图 3-26 所示。

图 3-25　模型校验

图 3-26　添加文本校验数据

最后，使用训练好的模型对输入的文本进行预测，如图 3-27 所示，显示此文本属于积极的评价。

看到这个结果，太乙真人痛心疾首，方才知徒儿遭受了不白之冤。李靖也悔不当初，恳求太乙真人复活哪吒。

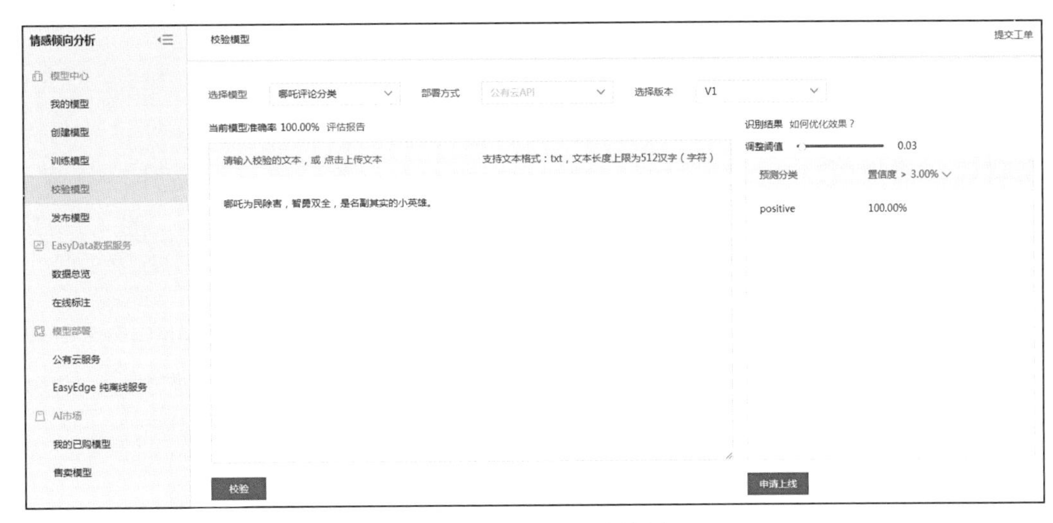

图 3-27 文本校验结果

太乙真人遍寻古籍找到了一个办法。他以莲花为神，莲藕为干，重塑哪吒肉身。只见一道绚丽的霞光闪过，三头八臂的哪吒又重回世间，他举着火尖枪，脚踏风火轮，傲然屹立在云天之中，眼神中少了凛冽与玩世不恭，多了守护苍生的笃定与大义凛然（见图 3-28）。哪吒虽涅槃重生，但修为尽散，跟随太乙真人回到乾元山金光洞继续潜心修行。

图 3-28 哪吒涅槃重生

情感分析的进阶方法

哪吒感念师父为自己所做的一切，发誓要潜心修行。只有提升自身修为，才能更好地造福民众。他首先想到的就是师父的 PaddleHub 法宝，能不能尝试用它来完成情感分析任务呢？

想到这里，哪吒在浏览器中输入 https://aistudio.baidu.com/aistudio/index，进入 AI Studio 平台，新建了一个 Notebook 项目。接下来他便开始编写 Python 代码来实现情感分类。

第一步 安装 PaddleHub

首先，我们通过执行 pip install 命令来安装 PaddleHub 工具，如下面的代码所示，其中 -i 后面的参数指定了下载源。

```
!pip install paddlehub --upgrade -i https://pypi.tuna.tsinghua.edu.cn/simple
```

第二步 加载情感分析模型

接下来，使用 PaddleHub 下载一个情感分析的模型。如下面的代码所示，第 1 行代码的作用是导入 paddlehub 库，并将其命名为 hub，导入 paddlehub 库之后便可以使用 paddlehub 库中的方法和模型了；第 2 行代码通过 paddlehub 库下载了一个视频分类模型。

```
import paddlehub as hub
senta = hub.Module(name="senta_bilstm") # 加载一个情感分析模型
```

第三步 预测结果

加载视频分类模型后，接下来就可以使用加载后的模型进行文本感情分析了。其中，senta.sentiment_classify() 为模型的预测方法，该方法有 2 个参数，texts 表示要预测的文本的内容，use_gpu=True 表示选择使用 GPU 进行预测，否则使用 CPU 进行预测。

```
results = senta.sentiment_classify(
texts=["讨厌哪吒，总是欺负别人", "哪吒真的是个好人，是他保护了大家……"],
```

```
use_gpu=True, # 是否使用 GPU 预测，默认是 False
batch_size=1)
```

最后，打印每个待预测文本的预测结果，预测结果如图 3-29 所示。

```
for result in results:
          print(result)
```

```
{'text': '讨厌哪吒，总是欺负别人', 'sentiment_label': 0, 'sentiment_key': 'negative', 'positive_probs': 0.0173, 'negative_probs': 0.9827}
{'text': '哪吒真的是个好人，是他保护了大家……', 'sentiment_label': 1, 'sentiment_key': 'positive', 'positive_probs': 0.9192, 'negative_probs': 0.0808}
```

图 3-29 预测结果

从图 3-29 中可以看到，“讨厌哪吒，总是欺负别人”的文本信息为 negative，表示此文本表达的是负向情绪，正向情绪和负向情绪的概率分别为 0.0173 和 0.9827，因此可以认为“讨厌哪吒，总是欺负别人”文本中的情绪是负向的。同时，可以看到所有预测结果。

上述情感分析任务的实现代码已在 AI Studio 平台公开，可以通过 https://aistudio.baidu.com/aistudio/projectdetail/2297079 查看该任务的实现代码。

家庭作业

判断哪家酒店的风评好

哪吒要过生日了，殷夫人想带哪吒出去游玩，但对于她想预定的客栈，有些人的评论说好，有些人的评论说不好。你能帮殷夫人通过客栈的评论数据，判断一下这个客栈是否该预订吗？

扫描封底二维码，下载数据集，结合家庭作业参考答案，即可完成实践。

第4章

营救飞虎遭暗算，目标识别挽狂澜

何为目标检测

在哪吒潜心修习之时，世界也发生着天翻地覆的变化。商纣王愈发骄奢淫逸，恣意妄为，欺辱并逼死商朝镇国武成王黄飞虎的发妻贾氏，又将前来问罪的黄飞虎的妹妹黄妃推下摘星楼令其坠亡。黄飞虎愤然反叛，逃亡途中在汜水关被余化生擒，成为阶下之囚。眼见黄飞虎一众忠臣就要被押回朝歌，承受酷刑，幸得太乙真人掐指一算，遣哪吒下山相救。

哪吒受师父太乙真人之命，脚踏风火轮，手持火尖枪，身系混天绫，头戴乾坤圈，风驰电掣地前往营救。可余化诡计多端，使用看家本领将黄飞虎变幻为一猛虎，藏于一片山林之中（见图 4-1）。哪吒遍寻不见黄飞虎，向余化吼道："你这奸贼，交出黄将军，我且饶你一命！"余化见状向哪吒挑衅道："镇国武成王已是我手下败将，被我变为老虎藏在这片山林之中，你这小儿能奈我何？"说罢，从囊中掏出戮魂幡，神神道道地念了两句，只见团团黑烟把哪吒给罩住。哪吒只轻轻用火尖枪一刺，黑烟便尽数散去，手一勾就把戮魂幡收了过来。余化见大势已去，连忙逃跑保命，麾下士兵也四下逃窜，不击自溃。

图 4-1　黄飞虎被藏于汜水关山林

郁郁葱葱的树林之上暮烟笼罩，一眼望不到尽头。哪吒这下犯了愁，且不说这山林之大不易寻找，万一碰到些毒虫、毒草，那可怎么办呢?

哪吒毫无头绪，便打开了师父给的百度 AI 如意乾坤袋寻找灵感。哪吒在浏览器中输入 https://ai.baidu.com，进入百度 AI 开放平台，浏览“开放能力”页面，突然发现在“图像技术”中有一个“图像主体检测”功能，如图 4-2 所示。抱着姑且一试之心，哪吒点击进入图像主体检测的页面，打开法宝“图像主体检测睛”。

将图像主体检测界面拖动到“功能演示”部分，如图 4-3 所示。

图 4-2　百度 AI 开放平台

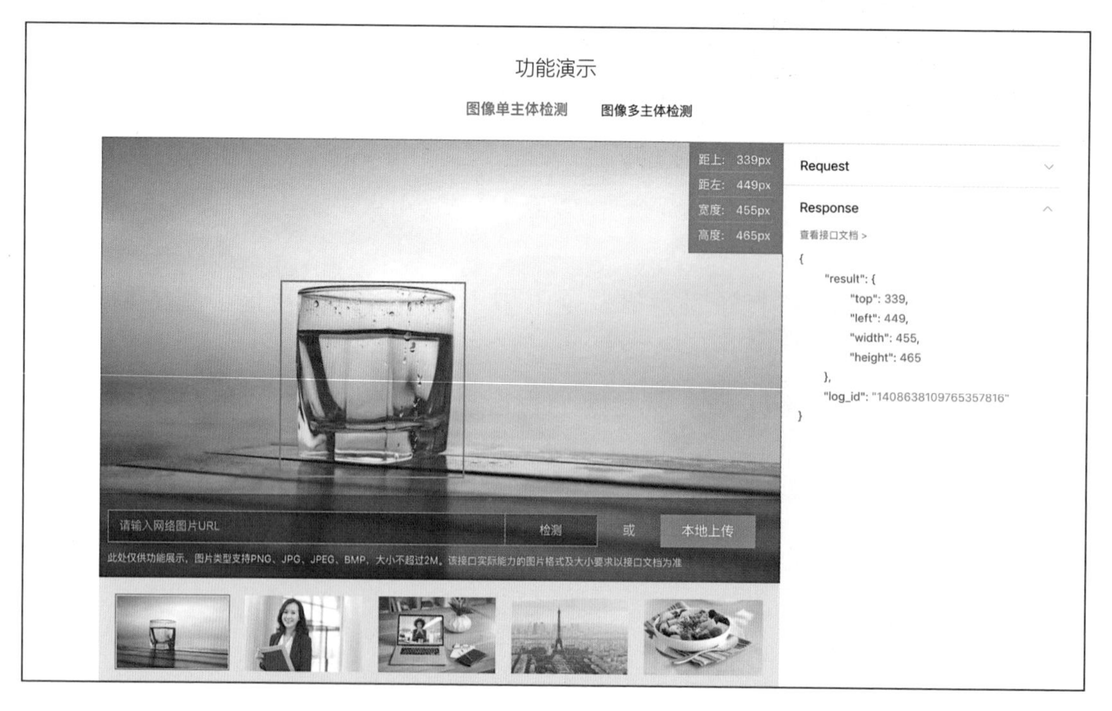

图 4-3　功能演示

点击“本地上传”，从本地上传一张图片，就可以在右侧看到图片中物体的检测结果。哪吒开心极了，用这样一个法宝，只需要拍一些山林照片，就能靠人工智能来帮自己找出黄飞虎了！

于是，哪吒翻开人工智能宝典，开启了“图像主体检测睛”的修炼之路。

揭开目标检测的神秘面纱

目标检测是指在图像中确定某些特定目标的位置，一般以包围框的形式给出结果。对于多类目标的应用场景，还需要给出每个检出目标的具体类别，如图 4-4 所示。

图 4-4　目标检测示意图

目标检测 VS 图像分类

目标检测任务与图像分类任务有什么不同呢？

与图像分类的模式不同，目标检测需要预测包围框的位置和所框对象的类别。也就是说，目标检测任务期望达到的理想目标是“类别判断准”且“框的位置准”。

图像分类任务关心整体，给出的是整张图片的内容描述，即给一张图片赋予一个类别。这是最简单、最基础的图像理解任务，也是深度学习模型最先取得突破和实现大规模应用的任务。人脸的识别、场景的识别等都可以归为图像分类任务。

但是，现实世界的很多图像通常包含不止一个物体，此时如果使用图像分类模型为图像分配一个单一标签其实是非常粗糙的，并不准确。因此，目标检测任务就应运而生了。

目标检测不是为每张图像分配一个标签，用来描述图像中存在的某类物体，而是以矩形框的形式将图像中的每个实例目标框起来，并为每个矩形框预测其所框目标的类别。

目标检测是图像处理和计算机视觉的主要分支，也是智能监控系统的核心部分，广泛应用于机器人导航、智能视频监控、工业检测、航空航天等领域。通过目标检测，可大量减少人工工作，具有重要的现实意义。因此，目标检测成为近年来理论和应用的研究热点。

目标检测的难点

对于人类而言，实现目标检测可谓易如反掌，一个一两岁的孩子就能用肉乎乎的小手在一张照片上指出哪里有猫、哪里有狗。但是，这个看似简单的任务对于计算机来说异常困难，主要原因在于：

1）图像在计算机中表现为一个多维数组，可以认为是“一堆杂乱无章的数”，因而很难直接得到图像中包含某特定对象这种高层语义。与之相反，人眼可一次性读入图像的全部信息，语义信息的抽取是人脑在“不经意间”自动完成的。

2）图像中是否有关心的目标以及目标可能出现的位置具有极大的随机性，无法预先确定目标在图像中出现的具体区域。

3）受光照、角度、成像条件等因素的影响，目标的形态可能存在各种各样的变化，目标出现的背景也复杂多变、千差万别。例如，在人脸识别中，是否戴眼镜、头发的长短、距离镜头的远近等都会对计算机造成很大干扰，然而这些因素不会给人眼识别带来太大阻碍。

因此，利用计算机进行目标检测是一个复杂而艰巨的任务。

传统的目标检测

在进行目标检测时一般会采取窗口滑动的方式，在图像上生成很多候选框，然后提取这些候选框的特征，将其送入分类器计算出一个得分。比如，对于图 4-5 所示的车辆检测，选择候选框后，分别计算其得分并排序，选取得分最高的框。接下来，计算其他框与当前框的重合程度，如果重合程度大于阈值就将其他框删除，因为在同一辆车上可能有好几个得分高的框，但是我们只需要一个。

图 4-5　定位车辆

比如，我们会从一张图片中找出很多个可能包含物体的矩形框，然后为每个矩形框计算其所属类别的概率。

那么，如何找到这些矩形框并定位目标的位置呢？由于目标可能出现在图像的任何位置，而且目标的大小、长宽比例等也不确定，因此最初采用滑动窗口的策略从左到右、从上到下对整幅图像进行遍历，而且需要设置不同长宽比。正如图 4-5 所示，假如我们想定位一辆汽车，通过滑动窗口算法找出了多个矩形框，每个矩形框对应一个属于汽车类别的概率。我们需要判断哪些矩形框是没用的，这时采用的方法是非极大值抑制。先假设有 6 个矩形框，根据分类器的类别分类概率做排序，从小到大属于车辆的概率分别为 A、B、C、D、E、F。

1）从最大概率的矩形框 F 开始，分别判断 A ～ E 与 F 的重合程度是否大于某个设定的阈值。

2）假设B、D与F的重合程度超过阈值，那么删掉B、D，并标记第一个矩形框F，F是我们保留下来的框。

3）从剩下的矩形框A、C、E中选择概率最大的框E，然后判断E与A、C的重合程度，假设A、C的重合程度大于一定的阈值，那么就删掉这两个框，并对框E进行标记，这是我们保留下来的第二个矩形框。

如此循环，直到没有剩余的矩形框为止。然后，所有被保留下来的矩形框就是我们认为最可能包含汽车的矩形框。

但是，传统的目标检测方法存在以下不足：

1）基于滑动窗口的区域选择策略没有针对性，时间复杂度高，窗口冗余。

2）手工设计的特征对于多样性的变化没有很好的鲁棒性。

基于深度学习的目标检测

基于深度学习的目标检测方法主要分为两类：两阶段目标检测方法和一阶段目标检测方法。

两阶段目标检测方法的原理是先根据一定的方法生成一系列候选框，再通过深度神经网络的方法对候选框进行分类。

如图4-6所示，该方法的一般步骤包括：

1）使用选择性搜索算法生成一系列候选区域，数量通常在1000～2000个。

2）使用深度神经网络提取每一个候选框的区域特征。

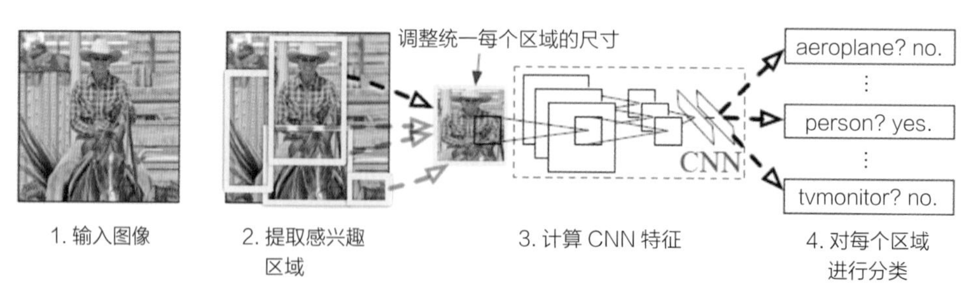

图4-6　目标检测方法的步骤

3）训练分类器对这些特征进行分类。

4）通过边界框回归算法重新定位目标边界框。

何谓边界框回归呢？在图 4-7 中，红色的框 P 代表原始的候选框，绿色的框 G 代表目标的边界框，我们的目标是寻找一种关系，使得原始候选框 P 经过映射得到一个与真实边界框 G 更接近的回归边界框 $\hat{G}$。

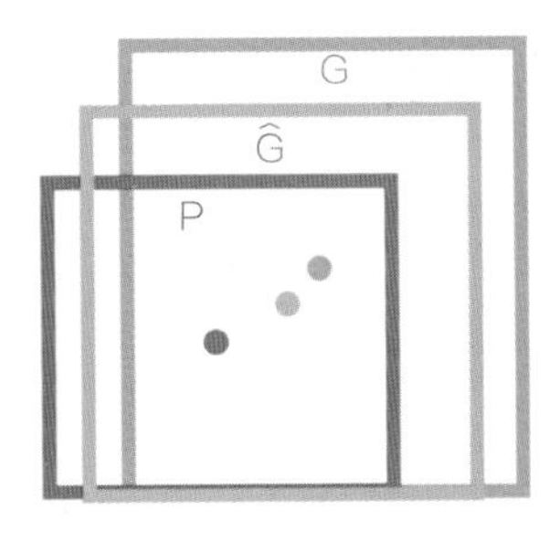

图 4-7　边界框回归

该方法的主要优势如下：

1）使用选择性搜索算法生成一定数量的候选框，而不像传统目标检测那样使用基于滑动窗口的候选框生成方法，从而将候选框的数量从百万个下降至两千个左右，减少了不必要的候选区。

2）与传统目标检测方法相比，该方法使用基于深度学习的方法提取特征，而不使用人为提取特征的方式，提高了目标检测的精度。

3）该方法加入了边界框回归的策略来进一步提高检测精度。

此外，一阶段目标检测方法是指不需要先产生候选框，直接将目标框定位的问题转化为回归问题处理。本书对此不展开叙述。

开启目标检测的实践之路

第一步　模型配置

这个阶段的主要任务是确定模型类型，配置模型基本信息，并记录希望模型实现的功能。

1）打开 EasyDL 平台主页，网址为 https://ai.baidu.com/easydl/，如图 4-8 所示。点击【立即使用】按钮，显示如图 4-9 所示的【选择模型类型】选择框，模型类型选择【物体检测】，进入图 4-10 所示的操作台界面。

图 4-8　EasyDL 平台主页

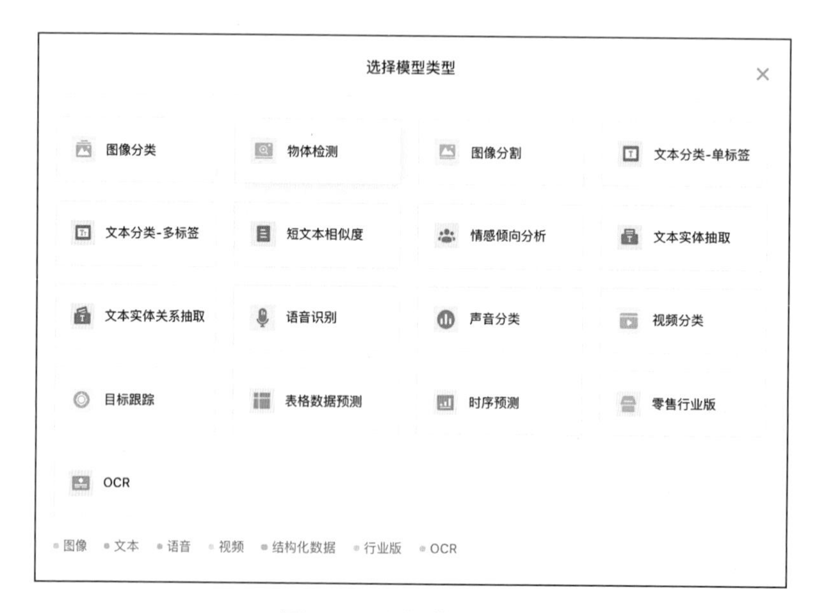

图 4-9　选择模型类型

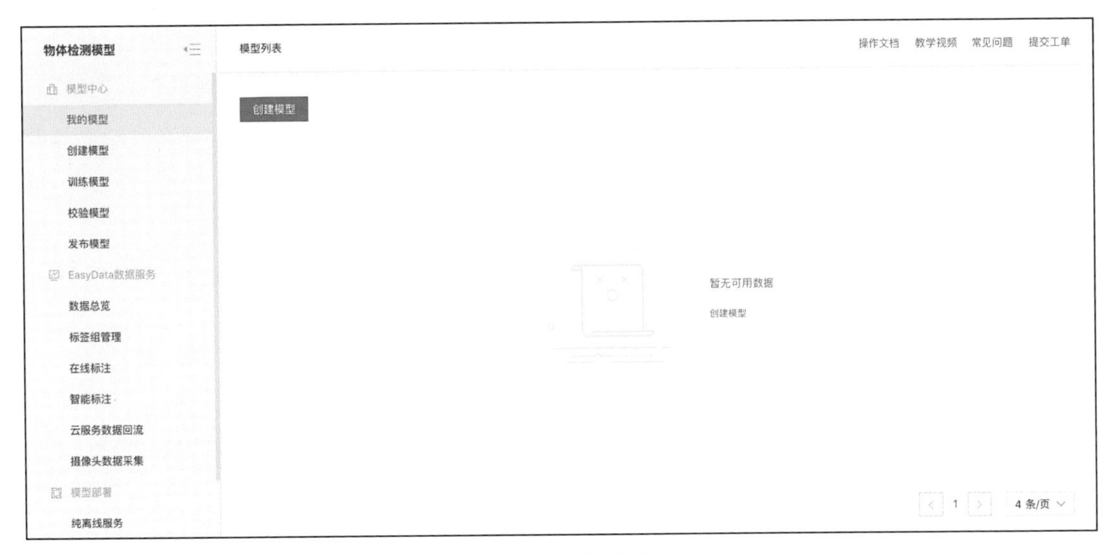

图 4-10　操作台界面

2）创建模型。点击操作台界面中的【创建模型】按钮，显示如图 4-11 所示的界面，模型名称填写“寻找老虎”，模型归属选择“个人”，填写联系方式、功能描述等信息，点击【完成】按钮，完成模型的创建。

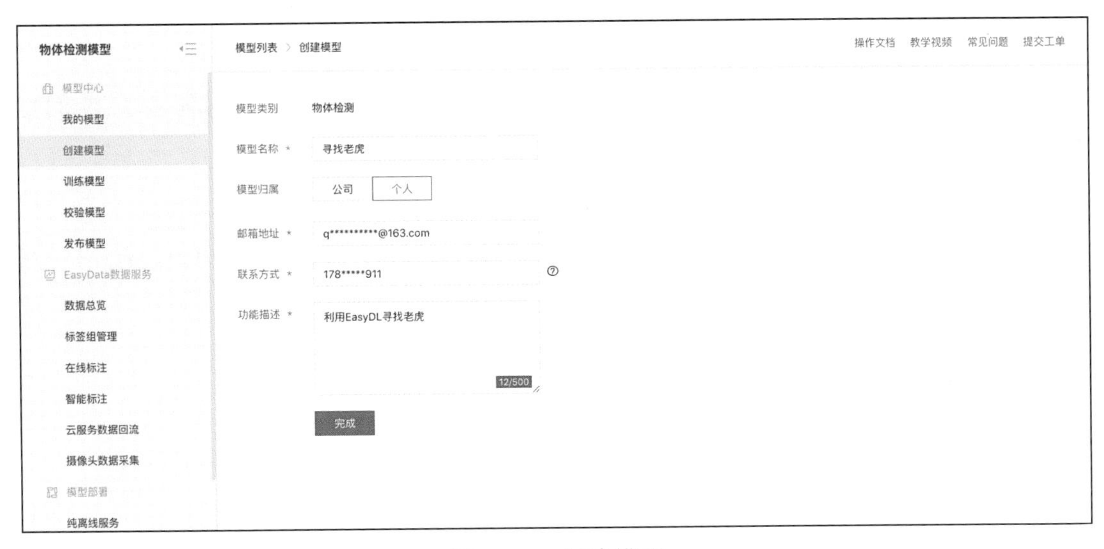

图 4-11　创建模型

3）模型创建成功后，可以在【我的模型】中看到刚刚创建的模型“寻找老虎”，如图 4-12 所示。

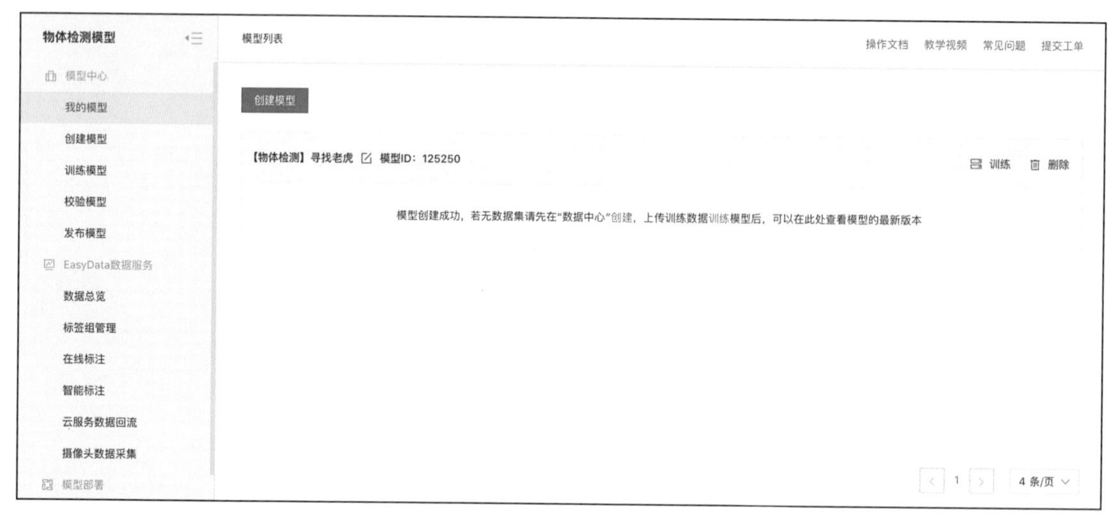

图 4-12　模型列表

第二步　准备数据

这个阶段的主要工作是根据物体检测的任务准备相应的数据集，并把数据集上传到平台，用来训练模型。

（1）准备数据集

首先，需要准备用于训练模型的图像数据。对于寻找老虎的任务，我们准备了多张包含老虎的照片，图片类型支持 png、bmp、jpeg 格式。之后，将准备好的图片存放在文件夹里，同时将所有文件夹压缩为 .zip 格式。

将准备好的图像数据放在文件夹中，将文件夹压缩，命名为 tiger.zip，压缩包的结构示意图如图 4-13 所示。

图 4-13　压缩包的结构示意图

（2）创建数据集

点击【数据总览】中的【创建数据集】按钮，进行数据集的创建，如图 4-14 所示。填写数据集信息，如图 4-15 所示，点击【完成】按钮，完成数据集的创建。

创建完成后可在【数据总览】中看到刚刚创建的数据集信息，如图 4-16 所示，点击【导入】按钮进行数据导入。

图 4-14　创建数据集

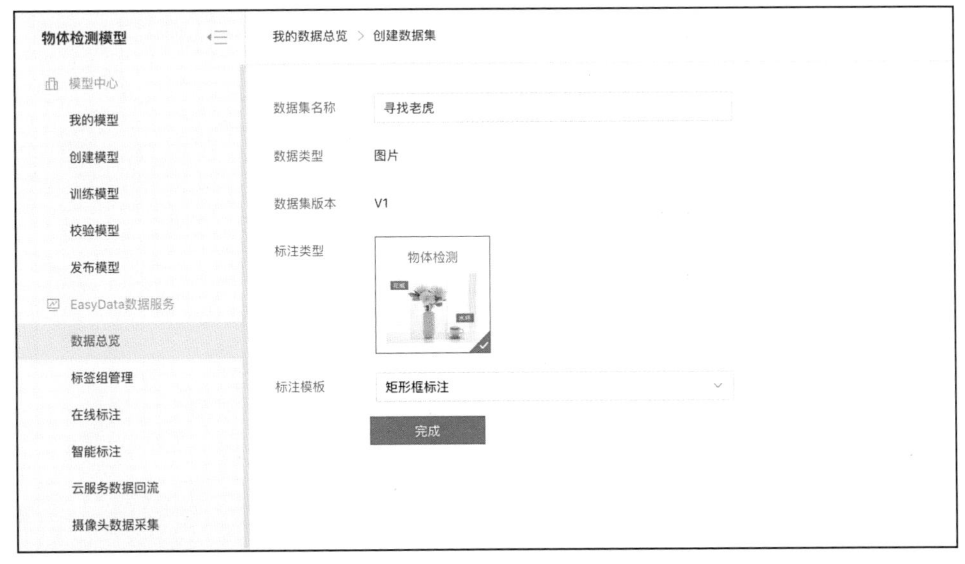

图 4-15　填写数据集信息

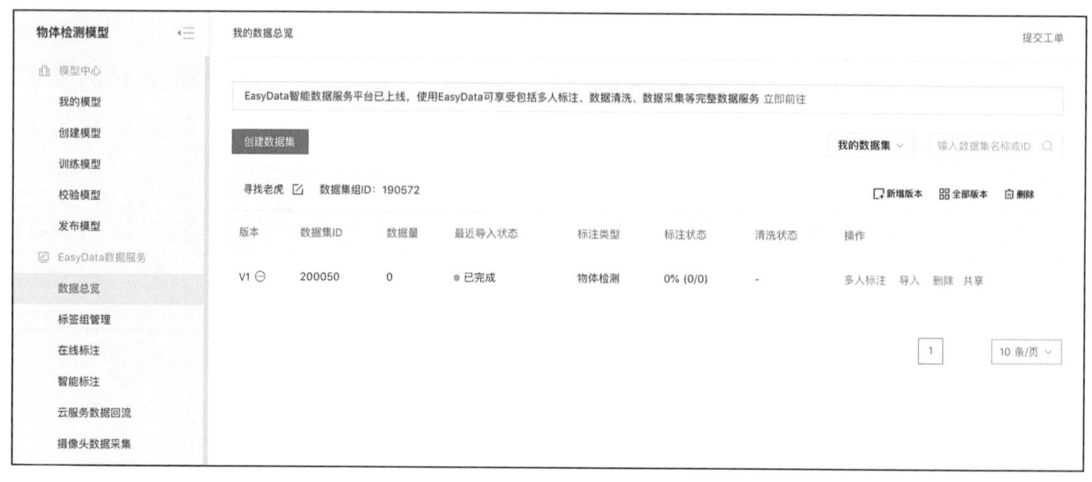

图 4-16　数据集列表

（3）导入数据集

选择数据标注状态为【无标注信息】，导入方式选择【本地导入】并上传压缩包，可在上传压缩包界面查看具体的数据格式要求，如图 4-17 所示。点击【确认并返回】按钮，成功上传数据集。

物体检测模型
模型中心
我的模型
创建模型
训练模型
校验模型
发布模型
EasyData数据服务
数据总览
标签组管理
在线标注
智能标注
云服务数据回流
摄像头数据采集
模型部署
纯离线服务
端云协同服务
我的数据总览 > 寻找老虎/V1/导入
备注
标注信息
标注类型 物体检测 标注模板 矩形框标注
数据总量 0 已标注 0
标签个数 0 目标数 0
待确认 0 大小 0M
数据清洗
暂未做过数据清洗任务
导入数据
数据标注状态 无标注信息 有标注信息
导入方式 本地导入 上传压缩包
上传压缩包 上传压缩包 已上传1个文件
tiger.zip
一键导入 Labelme 已标数据 了解详情
确认并返回

图 4-17　数据导入

上传成功后，可以在【数据总览】中看到数据的信息，如图 4-18 所示。数据上传后，需要一段时间处理，大约几分钟后就可以看到数据上传的结果，如图 4-19 所示。

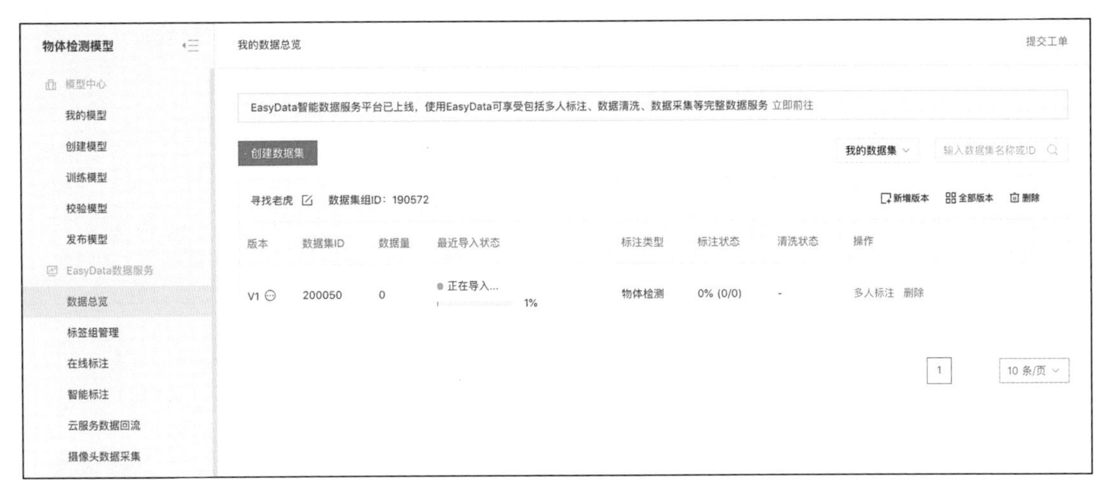

图 4-18 数据集展示

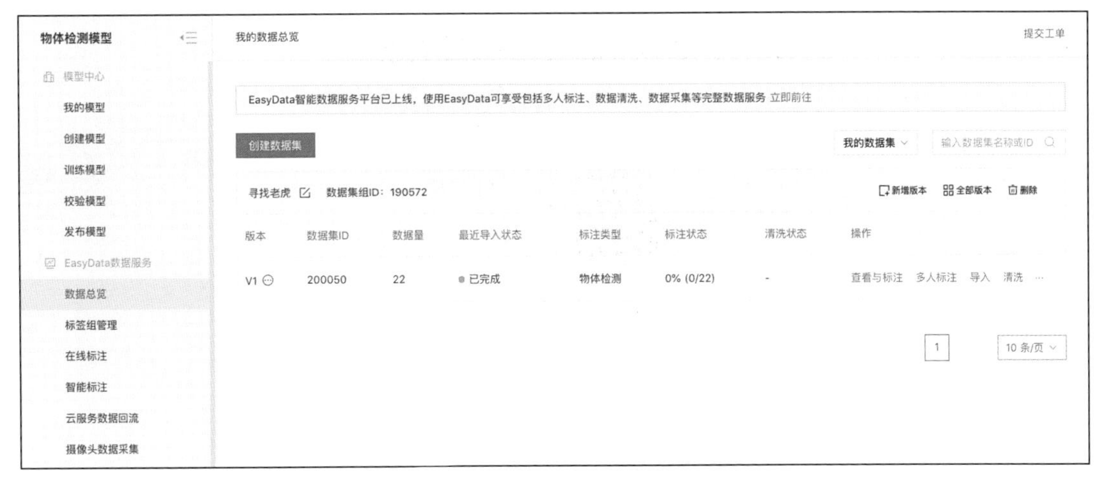

图 4-19 数据集导入完成

在目标检测任务中，还需要对数据进行标注。点击【在线标注】，选择数据集【寻找老虎】，版本选择为【 V1】，如图 4-20 所示，进入数据标注界面。点击图 4-21 中的【添加标签】按钮，添加【 tiger 】标签后，对图片依次进行标注，如图 4-22 所示。

图 4-20　选择数据集

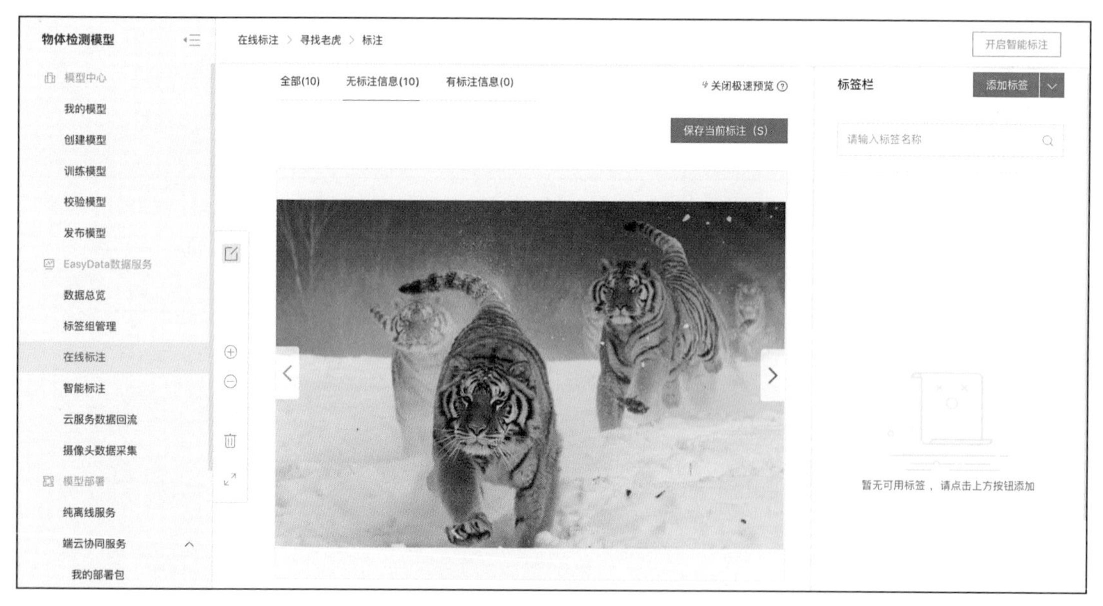

图 4-21　数据标注界面

第三步　训练模型并校验结果

前两步已经创建好了一个目标检测模型，并且创建了数据集，本步骤的主要任务是用上传的数据一键训练模型，并且在模型训练完成后，在线校验模型的效果。

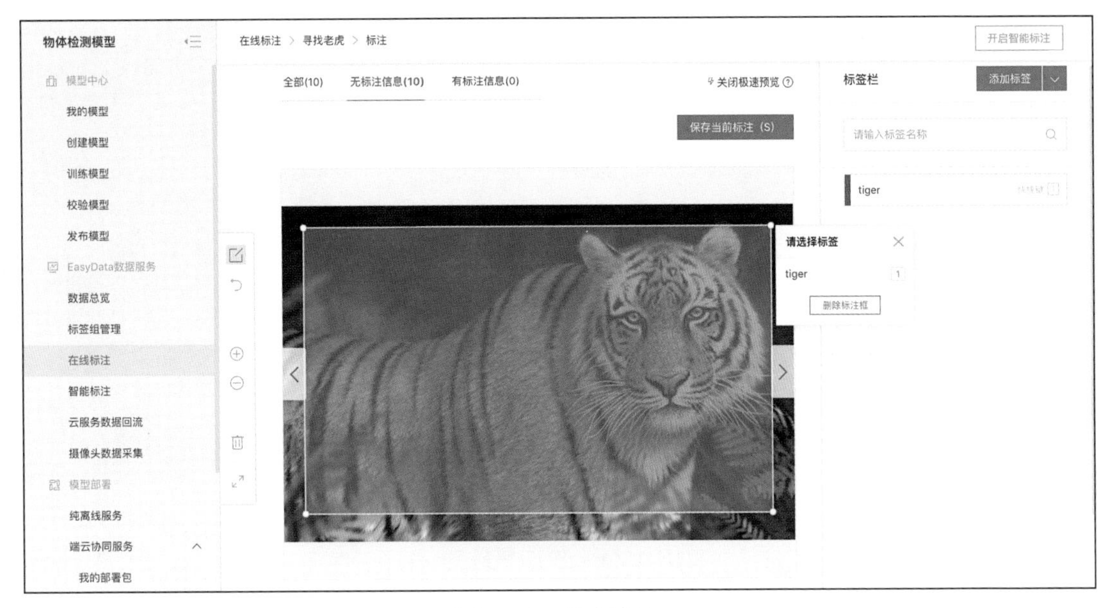

图 4-22　数据标注

（1）训练模型

数据上传成功后，在【训练模型】中选择之前创建的物体检测模型，添加分类数据集，开始训练模型。训练时间与数据量有关。工作过程如图 4-23、图 4-24、图 4-25 和图 4-26 所示。

图 4-23　添加数据集

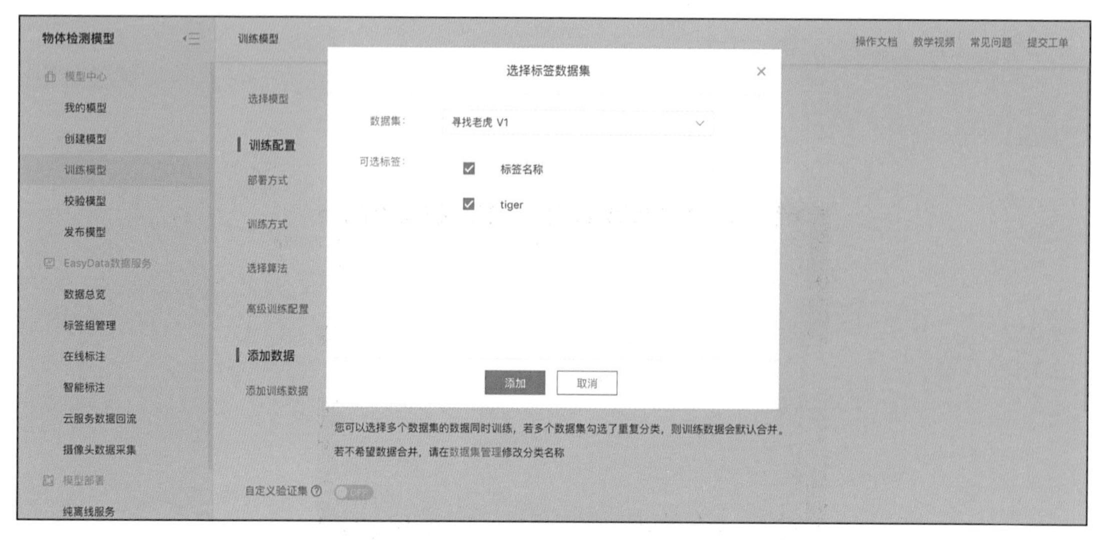

图 4-24　数据集选择

图 4-25　数据集选择完成

（2）查看模型效果

模型训练完成后，在【我的模型】列表中可以看到模型的效果，如图 4-27 所示。点击【完整评估结果】可查看详细的模型评估报告，如图 4-28 所示。从模型训练的整体情况来看，该模型的训练效果是比较优异的。

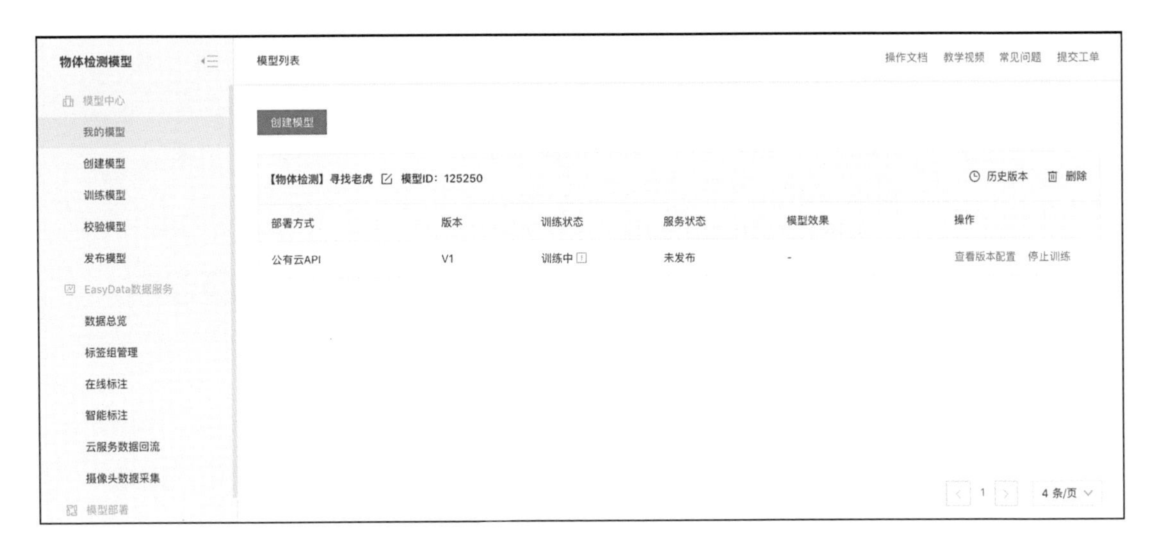

图 4-26　模型训练中

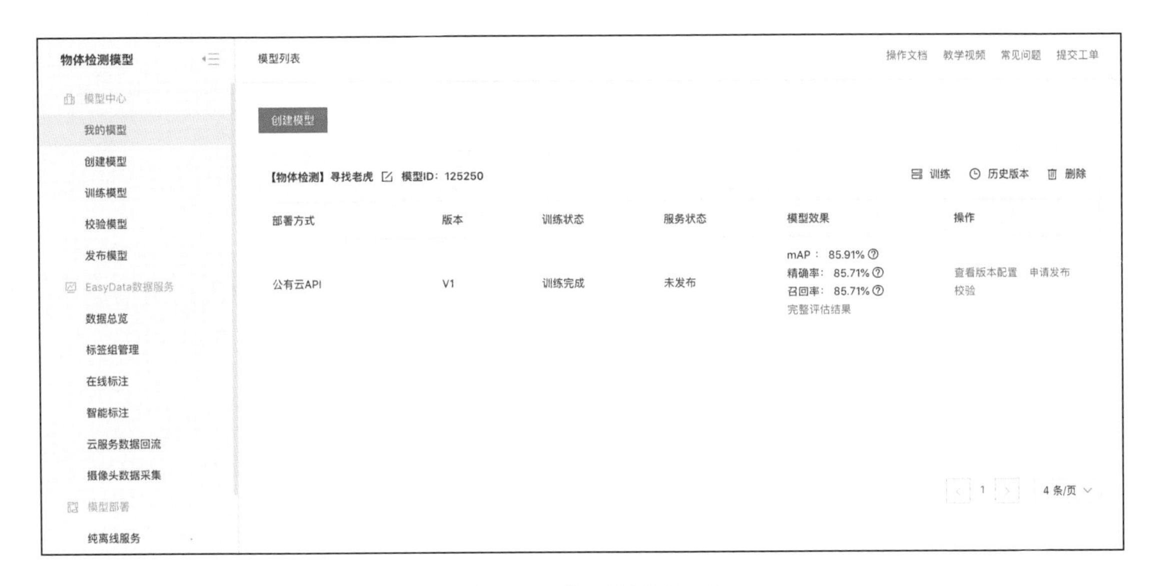

图 4-27　模型训练结果

（3）校验模型

我们可以在【校验模型】中对模型的效果进行校验。

首先，点击【启动模型校验服务】按钮，如图 4-29 所示，大约需要等待 5 分钟。

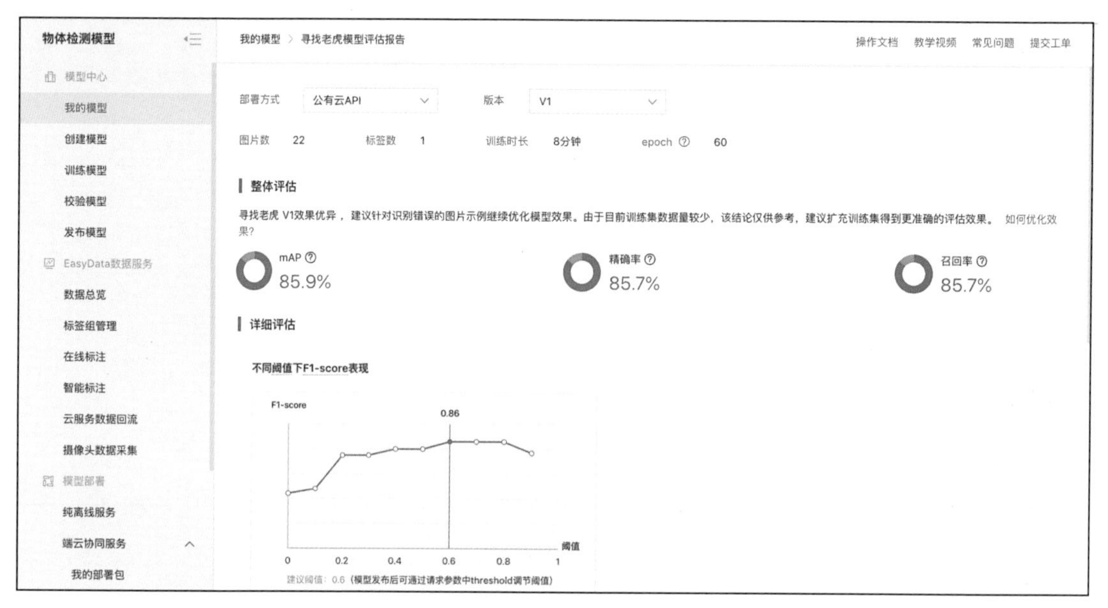

图 4-28　模型整体评估

图 4-29　启动校验服务

然后，准备一条图像数据，点击【点击添加图片】按钮，如图 4-30 所示。

最后，使用训练好的模型对上传图像进行预测，如图 4-31 所示，最终成功找到黄飞虎的位置。

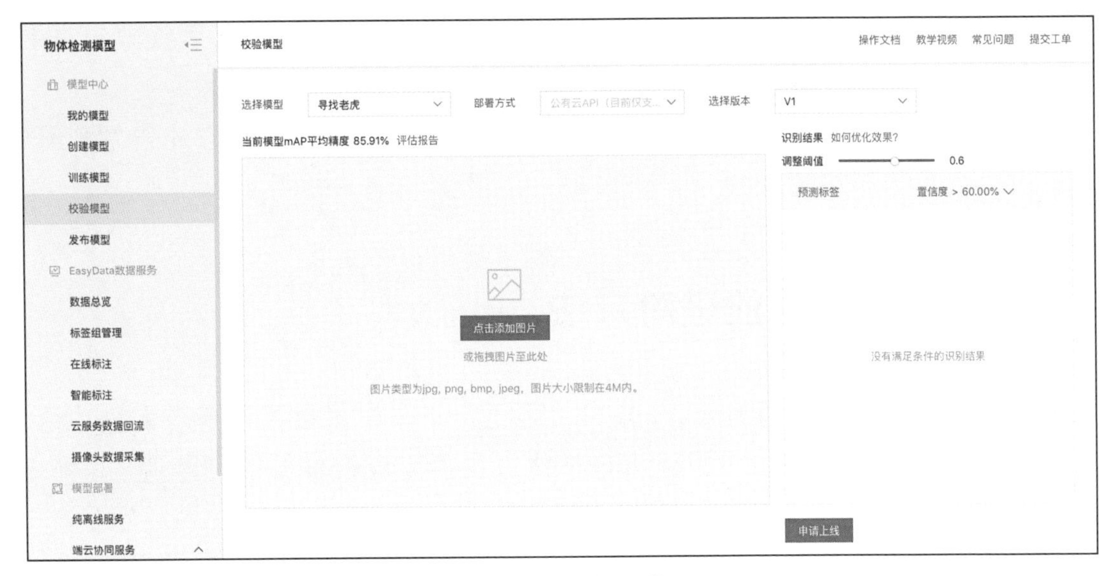

图 4-30　添加图像

图 4-31　校验结果

哪吒很快找到了黄飞虎。黄家一行人喜出望外，感激地说："不知小兄弟姓甚名谁，大恩不言谢，日后若需要帮助，我黄家定当竭尽全力！"

哪吒双手抱拳道："黄将军客气！我乃乾坤洞太乙真人门下弟子哪吒。素闻武成王威行天下，义重四方，施恩积德，人人敬仰，今日有幸营救忠良君子，实乃造福苍生之举，不必言谢！”

哪吒一路护卫黄飞虎出了汜水关，直到抵达西岐金鸡岭，方才告别离开，回乾元山金光洞向师父复命。

目标检测的进阶方法

太乙真人见哪吒顺利归来，问道：“哪吒，此次你营救黄将军乃无量功德，但学无止境，为师且问你，是否还有其他方法能完成目标检测任务呢？”哪吒思考了一会儿，拍着胸脯道：“当然有！ PaddleHub 亦可助我救出黄将军！”

说罢，哪吒在浏览器中输入 https://aistudio.baidu.com/aistudio/index，进入 AI Studio 平台，新建了一个 Notebook 项目。接下来，他便开始编写 Python 代码来实现目标检测。

第一步 安装 PaddleHub

首先，我们通过执行 pip install 命令来安装 PaddleHub 工具，如下面的代码所示，其中 -i 后面的参数指定了下载源。

```
!pip install paddlehub --upgrade -i https://pypi.tuna.tsinghua.edu.cn/simple
```

第二步 实现情感分析模型

接下来，就可以使用 PaddleHub 来下载一个目标检测的模型了。如下面的代码所示，第 1 行代码用于导入 paddlehub 库，并将其命名为 hub，导入 paddlehub 库之后就可以使用 paddlehub 库中的方法和模型了；第 2 行代码通过 paddlehub 库下载了一个动物分类模型。

```
import paddlehub as hub
classifier = hub.Module(name="resnet50_vd_animals")# 加载一个动物分类模型
```

第三步 预测结果

加载动物分类模型后，就可以使用加载后的模型进行图片识别了。其中，

classifier.classification() 为模型的预测方法，该方法有 1 个参数，images 表示要预测的文本的内容。

```
result = classifier.classification(images=[cv2.imread('test.jpg')])
```

最后，打印每个待预测视频文件的预测结果，预测结果如图 4-32 所示。

```
print(result)
```

```
[{'孟加拉虎': 0.6859098672866821}]
```

图 4-32　预测结果

从图 4-32 可以看到，我们的图片被识别为“孟加拉虎”，概率约为 0.6859，因此可以认为图片中是孟加拉虎。

上述目标检测任务的实现代码已在 AI Studio 平台公开，可以通过访问 https://aistudio.baidu.com/aistudio/projectdetail/2297066 查看该任务的实现代码。

家庭作业

帮助士兵识别各类毒草、药草

陈塘关总兵李靖常年征战沙场，风餐露宿、食不果腹，将士们只能以野花、野草充饥。但由于将士们无法肉眼分辨植物，经常因误食毒花、毒草而中毒，轻则头晕目眩，重则性命难保。请你设计一个人工智能模型，帮助李靖和将士们识别野外什么位置出现了什么样的植物，该植物是否有毒，以防止士兵误食，并可在士兵误食时及时进行救治。

扫描封底二维码，下载数据集，结合家庭作业参考答案，即可完成实践。

灭商伐纣擒桂芳，声音分类震四方

何为声音分类

西岐风光旖旎、四海升平，百姓们路不拾遗、夜不闭户，呈现出一派祥和安宁之象。黄飞虎感慨万千，良禽择木而栖，贤臣择主而事，遂归顺周武王姬发。殷商太师闻仲得知此事大怒，派青龙关张桂芳讨伐西岐。

桂芳奉诏，亲率五万精兵，在西岐城外五里安营扎寨，战鼓擂擂，狼烟四起，战争一触即发。这张桂芳擅长旁门左道之术，有项绝技“吐语捉将，道名拿人”，若被桂芳叫一声，被叫之人便浑浑噩噩地落马被擒，大批神勇名将都如此败下阵来，武成王黄飞虎也未能幸免。姜子牙一筹莫展，只得挂出免战牌再商后策。

太乙真人得知此事，命金霞童儿将哪吒叫来，语重心长地言道：“哪吒，你现在速去西岐辅助你师叔姜子牙，灭商伐纣可助你成就一身功绩！”哪吒闻言满心欢喜，拜别了师父，赶至西岐城楼之外。姜子牙喜出望外，别人或许不知，自己这位师侄神通广大，更精通 AI 之术，岂不正是这张桂芳的克星？姜子牙命人取下免战牌，派哪吒前去御敌（见图 5-1）。

哪吒虽自己不怕这张桂芳的“吐语拿人”之术，但怕麾下士兵不小心中了圈套，毕竟战场上人多声杂，万一有人不小心应了声也是麻烦。突然，他灵光

图 5-1　哪吒与张桂芳大战

一现：若是能自动分辨出张桂芳的声音，只要是桂芳呼名，不答应不就行了？

想到此处，哪吒兴奋地打开电脑，在浏览器中输入 https://ai.baidu.com，进入百度 AI 开放平台，如图 5-2 所示，在【开放能力】的【语音技术】项目下都是语音识别、语音合成类应用，针对这种场景的声音分类技术就是图 5-3 所示的短语音识别应用。

语音识别应用可支持多语种和多方言识别，如支持普通话和略带口音的中文识别、支持粤语和四川话的方言识别、支持英文识别；支持 50 多个领域的语义理解，如天气、交通、娱乐等。还可接入智能对话定制与服务平台 UNIT 自定义语义理解和对话服务，从而更准确地理解用户意图。

图 5-2 百度 AI 开放平台

图 5-3 短语音识别页面

那怎么炼制出法宝“声音识别耳”呢？哪吒发现 EasyDL 平台可以帮他实现。

揭开声音分类的神秘面纱

声音分类是什么

因为声音从本质上说是一种波，这种波可以作为一种信号来处理，所以声音分类的输入实际上就是一段随时间播放的信号序列，输出则是该声音所属的类别，如图 5-4 所示。

一个完整的声音分类系统通常包括信号处理和特征提取、声学模型、语音模型和解码搜索四个模块，如图 5-5 所示。

图 5-4　声音信号序列

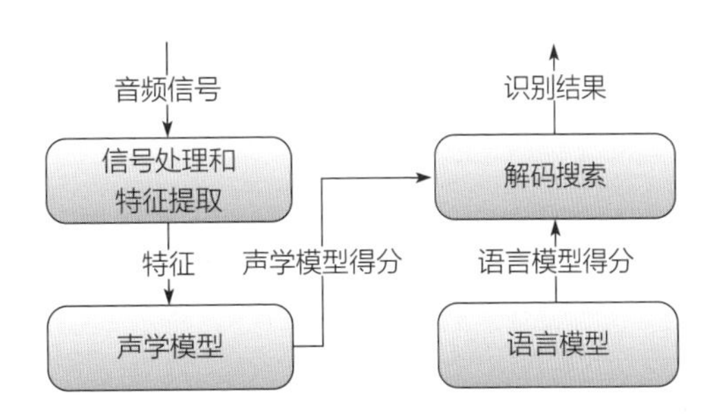

图 5-5　语音识别系统

信号处理和特征提取可以视作音频数据的预处理部分，一般来说，一段高保真、无噪声的语音是非常难得的，由于实际研究中用到的语音片段都存在噪声，因此正式进入声学模型之前，我们需要利用消除噪声和信道增强等预处理技术，将信号从时间域转化到频率域，为之后的声学模型提供有效的特征向量。接下来，声学模型会将预处理部分得到的特征向量转化为声学模型得分，与此同时，语言模型（自然语言处理中的 N-Gram 和 RNN 等模型）会得到一个语言模型得分，最后在解码搜索阶段会对声学模型得分和语言模型得分进行综合，将得分最高的词序列作为最后的识别结果。

因为与一般的自然语言处理任务相比，声音分类的特殊之处就在于声学模型，所以声音分类的关键就是信号与处理技术和声学模型部分。在深度学习兴起并被应用到声音分类领域之前，声学模型就已经有了非常成熟的模型体系，并且有被成功应用到实际系统中的案例，比如经典的高斯混合模型（GMM）和隐马尔可夫模型（HMM）等。神经网络和深度学习兴起之后，循环神经网络、LSTM、编码 – 解码框架、注意力机制等基于深度学习的声学模型将此前各种基于传统声学模型的识别案例错误率降低了一个级别，所以基于深度学习的语言识别技术逐渐成为声音分类领域的核心技术。

声音分类技术发展至今，无论是基于传统声学模型的声音分类系统还是基于深度学习的声音分类系统，声音分类的各个模块都是分别优化的。但是，语音识别本质上是一个序列识别问题，如果模型中的所有组件能够联合优化，那么可能会获取更好的识别准确度，因而端到端的自动声音分类是未来声音分类技术的重要发展方向。

基于深度学习的声学模型

一提到神经网络和深度学习在声音分类领域的应用，可能我们的第一反应就是循环神经网络（RNN）模型以及长短期记忆网络（LSTM）等。实际上，在声音分类发展的前期，已经有很多将神经网络应用于声音分类和声学模型的应用了。

最早用于声学建模的神经网络就是普通的深度神经网络（DNN）。GMM 等传统的声学模型存在音频信号表征低效的问题，DNN 可以在一定程度上解决该问题。但在实际建模时，由于音频信号是时序连续信号，DNN 则需要固定大小的输入，因此早期使用 DNN 来搭建声学模型时需要一种能够处理语音信号长度变化的方法。一种将 HMM 模型与 DNN 模型结合起来的 DNN-HMM 混合系统能非常有效地解决上述问题，如图 5-6 所示。

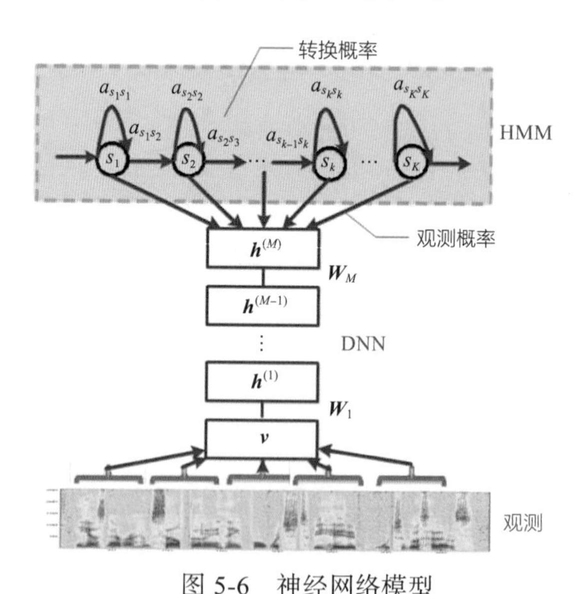

图 5-6　神经网络模型

开启声音分类的实践之路

第一步　创建模型

这个阶段的主要任务是选择平台类型、确定模型类型、配置模型基本信息（包括名称等），并记录希望模型实现的功能。

1）打开 EasyDL 平台主页，网址为 https://ai.baidu.com/easydl/，如图 5-7 所示。

点击【立即使用】按钮，显示如图 5-8 所示的【选择模型类型】选择框，模型类型选择【声音分类】，进入操作台界面。

图 5-7　EasyDL 平台主页

2）创建模型。点击图 5-9 中的【创建模型】按钮，填写模型名称为“声音分类”，模型归属选择“个人”，填写联系方式、功能描述等信息，如图 5-10 所示。点击【完成】按钮，完成模型的创建。

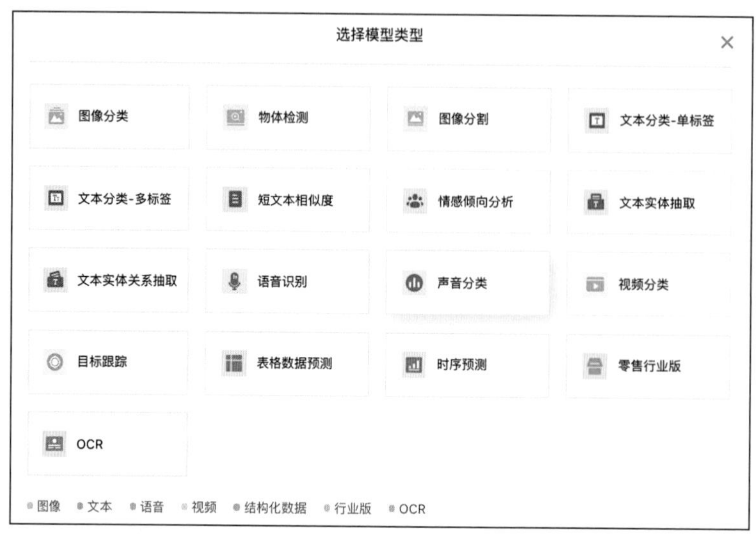

图 5-8　选择模型类型

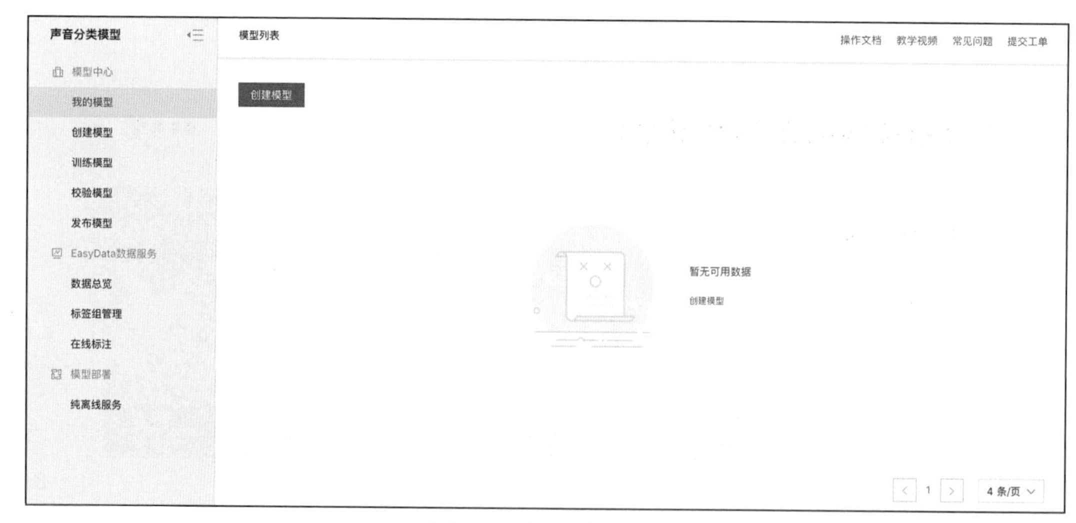

图 5-9　操作台界面

3）模型创建成功后，可以在【我的模型】中看到刚刚创建的“声音分类”模型，如图 5-11 所示。

第二步　准备数据

这个阶段的主要工作是根据声音分类的任务准备相应的数据集，并把数据集上传到平台，用来训练模型。

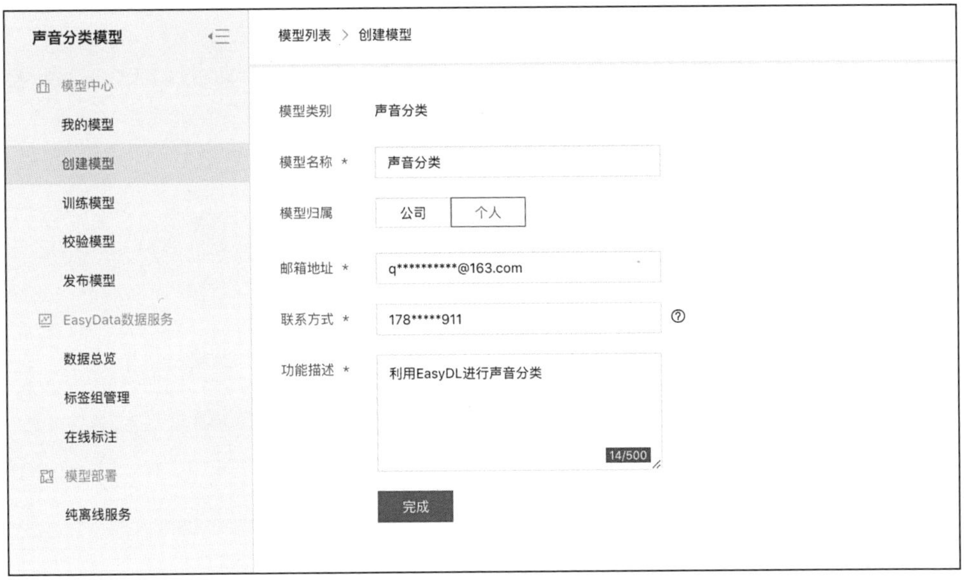

声音分类模型
模型中心
我的模型
创建模型
训练模型
校验模型
发布模型
EasyData数据服务
数据总览
标签组管理
在线标注
模型部署
纯离线服务
模型列表 > 创建模型
模型类别 声音分类
模型名称 * 声音分类
模型归属 公司 个人
邮箱地址 * q**********@163.com
联系方式 * 178*****911
功能描述 * 利用EasyDL进行声音分类
14/500
完成

图 5-10　创建模型

声音分类模型
模型中心
我的模型
创建模型
训练模型
校验模型
发布模型
EasyData数据服务
数据总览
标签组管理
在线标注
模型部署
纯离线服务
模型列表
操作文档 教学视频 常见问题 提交工单
创建模型
【声音分类】声音分类 模型ID：125300
训练 删除
模型创建成功，若无数据集请先在"数据中心"创建，上传训练数据训练模型后，可以在此处查看模型的最新版本
1
4 条/页

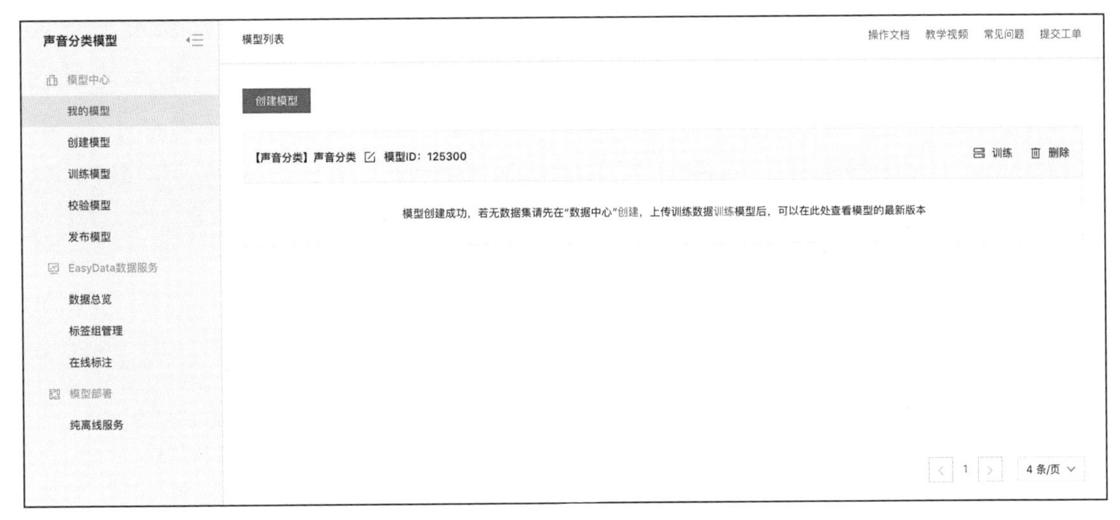

图 5-11　模型列表

（1）准备数据集

对于动物声音分类任务，我们准备了两种不同人物的声音，然后，将准备好的声音数据按照分类存放在不同的文件夹里，文件夹名称即为声音对应的类别标签（zhangguifang、fenglin），此处要注意声音类别名（即文件夹名称）只

能包含字母、数字、下划线，不支持中文命名。

最后，将所有文件夹压缩，命名为sound.zip，压缩包的结构示意图如图5-12所示。

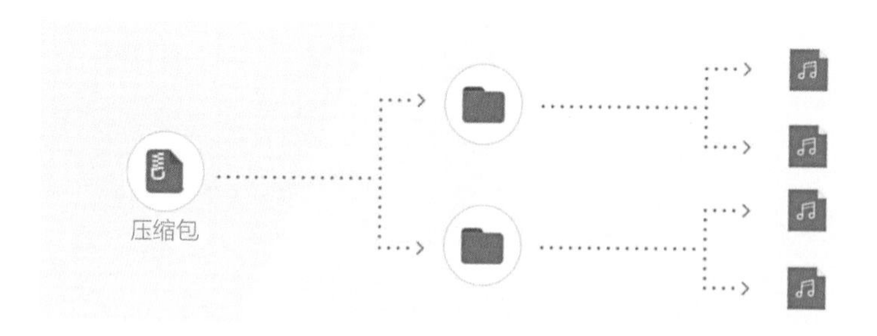

图5-12 压缩包的结构示意图

注：压缩包里的文件夹名即标签名，只能包含数字、中英文、下划线，长度上限为256个字符

（2）导入数据集

点击图5-13中的【创建数据集】按钮，填写数据集名称，如图5-14所示，点击【完成】按钮，成功创建数据集。在图5-15所示的页面中，查看创建结果。点击【导入】按钮，选择数据标注状态为【有标注信息】，导入方式为【本地导入】，标注格式为【以文件夹命名分类】，并点击【上传压缩包】按钮，选择sound.zip压缩包进行上传，点击【确认并返回】按钮，成功导入数据集，如图5-16所示。可以在上传页面中查看压缩包数据格式的要求。

图5-13 创建数据集

图 5-14　填写数据集信息

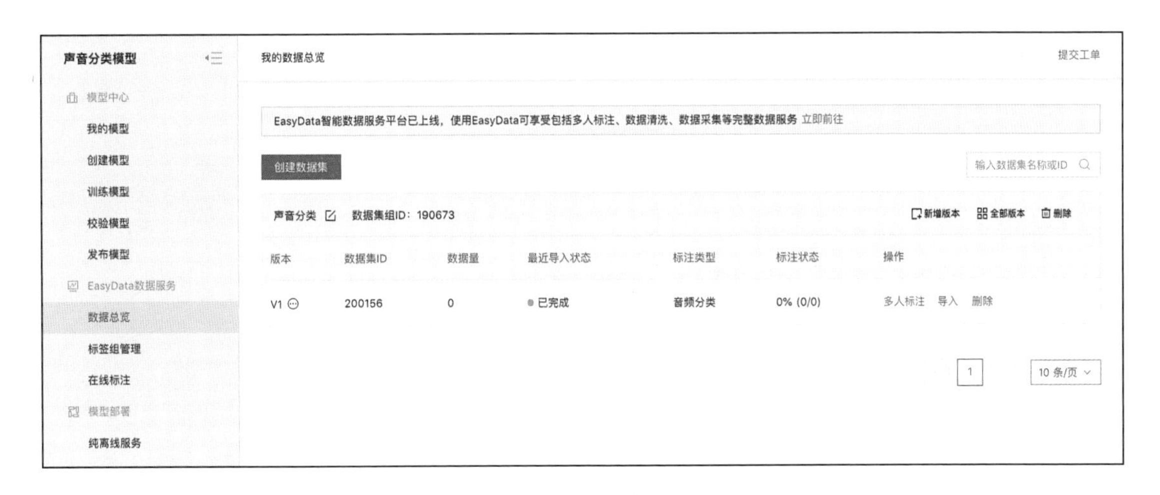

图 5-15　数据集创建成功

（3）查看数据集

上传成功后，可以在【数据总览】中看到数据的信息，如图 5-17 所示。数据上传后，需要一段处理时间，大约几分钟后就可以看到数据上传的结果，如图 5-18 所示。点击【查看】，可以看到数据的具体情况，如图 5-19 所示，该页面中展示了每条数据及其相似度。

图 5-16　导入数据集

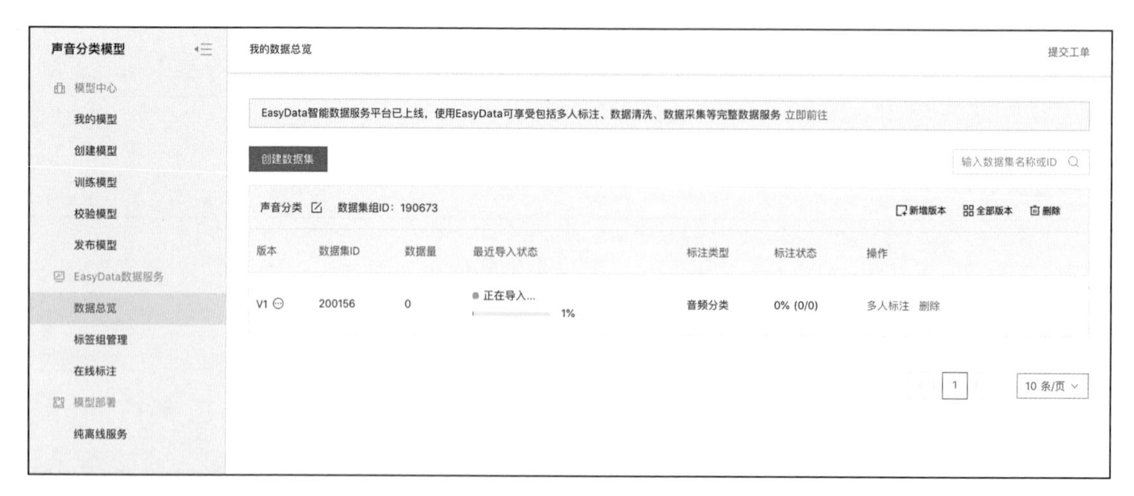

图 5-17　数据导入中

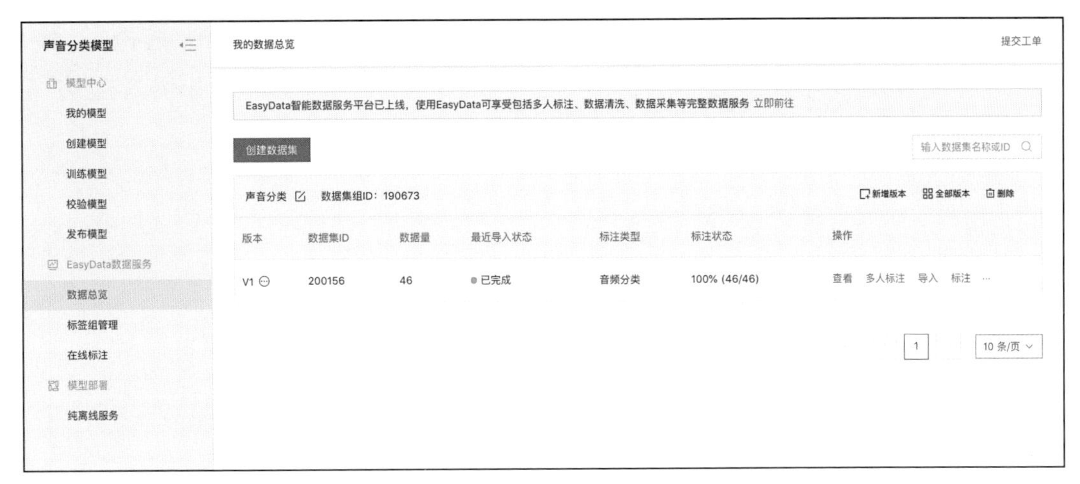

图 5-18　数据导入完成

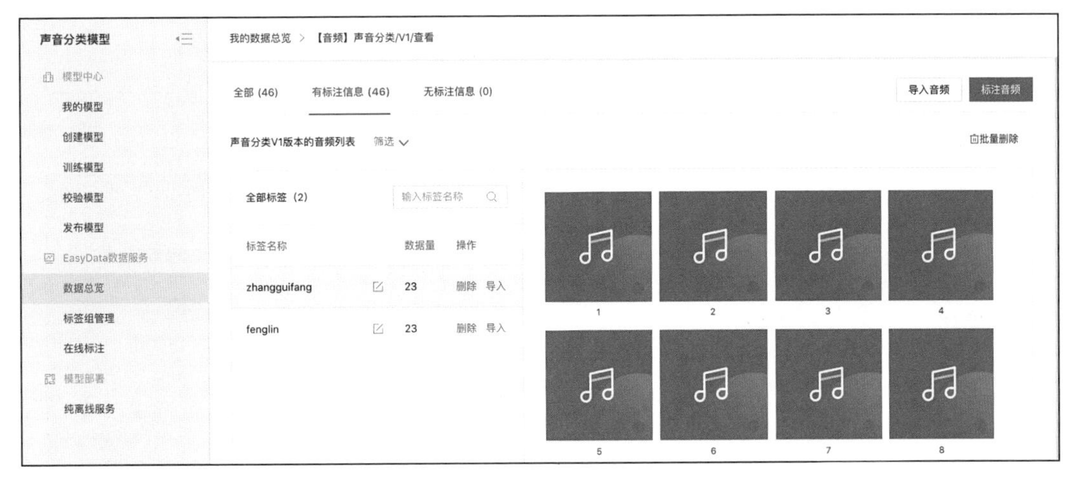

图 5-19　数据集详情

第三步　训练模型并校验结果

前两步已经创建好了一个声音分类模型，并且创建了数据集，本步骤的主要任务是用上传的数据一键训练模型。并且在模型训练完成后，在线校验模型的效果。

（1）训练模型

在第二步数据上传成功后，在【训练模型】中选择之前创建的声音分类模型，添加数据集，开始训练模型。如图 5-20 所示，点击“+请选择”，按照图 5-21 所示勾选训练数据后，点击“开始训练”按钮，训练过程如图 5-22 所示。

图 5-20　训练模型

图 5-21　选择训练数据

（2）查看模型效果

模型训练完成后，如图 5-23 所示，在【我的模型】列表中可以看到模型训练结束提示。点击【完整评估结果】显示模型整体评估页面，如图 5-24 所示。

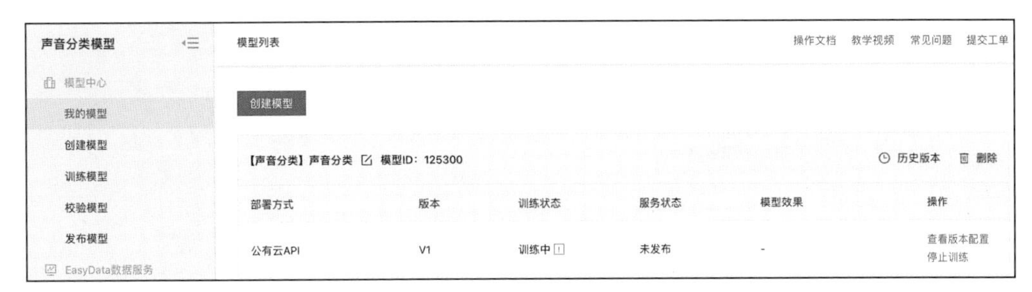

图 5-22　模型训练中

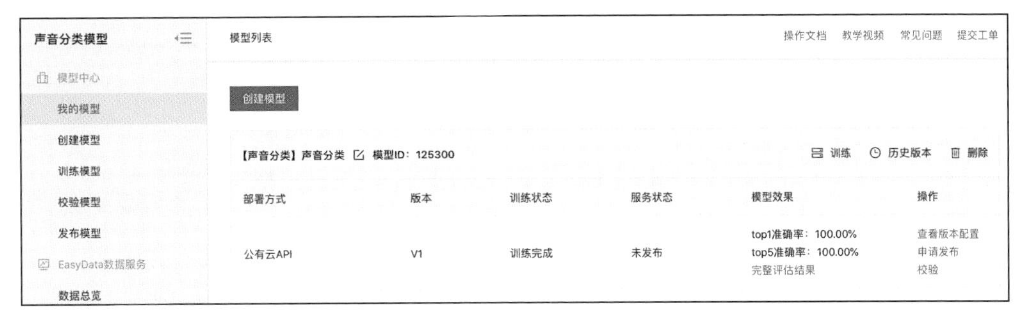

图 5-23　模型训练结束

图 5-24　模型整体评估

（3）校验模型

我们可以在【校验模型】中对一键训练好的模型的效果进行校验。首先，点击【启动模型校验服务】按钮，如图 5-25 所示，大约需要等待 5 分钟。然后，准备一条音频数据，在图 5-26 所示的页面中进行添加，识别结果如图 5-27 所示。

图 5-25　启动模型校验服务

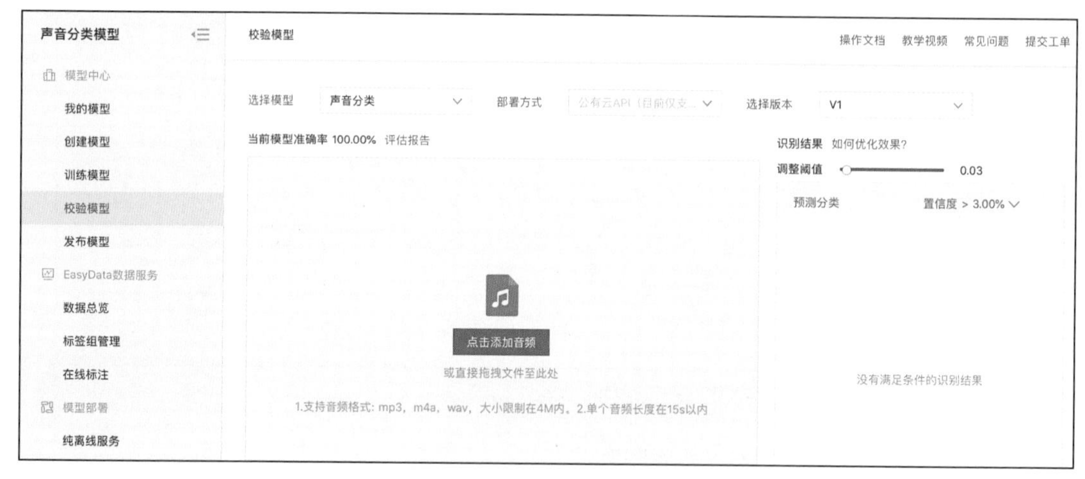

图 5-26　添加音频

图 5-27　校验结果

哪吒给将士们派发了“声音识别耳”这个法宝后，将士们便能精准地分辨出张桂芳的声音，再也不轻易回答了。“呼名落马术”没有了用武之地，哪吒很快就擒住了张桂芳。周军士气高涨，灭商伐纣的战役也正式打响。

声音分类的进阶方法

话说哪吒擒住张桂芳后，押解他回西岐。路上，张桂芳觉得输得窝囊，不禁对着哪吒奚落道：“哪吒小儿，此战全因我张桂芳时运不济，若不是你有EasyDL助力，能奈我何？！”哪吒虽知不应与这贼子一般见识，但也压不住胸中怒火，怒斥道：“张桂芳，你已是我的手下败将，今日小爷就让你再见识见识我更厉害的手段，让你输得心服口服！”

说罢，哪吒在浏览器中输入 https://aistudio.baidu.com/aistudio/index，进入AI Studio平台，新建了一个Notebook项目。接下来，他便开始编写Python代码来实现声音分类。

第一步 安装 PaddleHub

首先，我们通过执行pip install命令来安装PaddleHub工具，如下面的代码所示，其中-i后面的参数指定了下载源。

```
!pip install paddlehub --upgrade -i https://pypi.tuna.tsinghua.edu.cn/simple
```

第二步 实现音频分类模型

接下来，就可以使用PaddleHub来下载一个音频分类的模型。如下面的代码所示，第1行代码用于导入一个音频处理库；第2行代码将导入paddlehub库，并将其命名为hub，导入paddlehub库之后，便可以使用paddlehub库中的方法和模型了；第3行代码用于加载paddlehub自带的数据集ESC50。hub.Module函数有6个参数，分别为name（模型名称）、version（模型版本号）、task（模型模式）、num_class（模型输出分类数）、label_map（标签列表）和load_checkpoint（预测的模型参数）；第8行代码通过paddlehub库下载一个视频分类模型。

```
import librosa
import paddlehub as hub
from paddlehub.datasets import ESC50
sr = 44100                          # 音频文件的采样率
wav_file = 'test.m4a'               # 用于预测的音频文件路径
checkpoint = 'model.pdparams'       # 用于预测的模型参数
label_map = {idx: label for idx, label in enumerate(ESC50.label_list)}
model = hub.Module(
    name='panns_cnn6',
    version='1.0.0',
    task='sound-cls',
    num_class=ESC50.num_class,
    label_map=label_map,
    load_checkpoint=checkpoint)
# 加载数据
data = [librosa.load(wav_file, sr=sr)[0]]
```

第三步　预测结果

加载音频分类模型后，接下来就可以使用加载后的模型进行音频分类了。其中，model.predict() 为模型的预测方法。

```
result = model.predict(
    data,
    sample_rate=sr,
    batch_size=1,
    feat_type='mel',
use_gpu=True)
```

最后，打印每个待预测视频文件的预测结果，预测结果如图 5-28 所示。

```
print('File: {}\tLable: {}'.format(wav_file, result[0]))
```

```
File: test.m4a  Lable: OrderedDict([('Snoring', 0.11122155), ('Coughing', 0.05511481), ('Chirping birds', 0.049911983), ('Hen', 0.
049244963), ('Crying baby', 0.03471079), ('Train', 0.032621864), ('Cat', 0.03205556), ('Chainsaw', 0.030359047), ('Mouse click',
0.02996137), ('Glass breaking', 0.027591992), ('Water drops', 0.026591038), ('Rain', 0.023999931), ('Clock alarm', 0.023596674),
('Sneezing', 0.023026235), ('Door knock', 0.021711554), ('Washing machine', 0.021252934), ('Vacuum cleaner', 0.020518621), ('Crack
ling fire', 0.020053346), ('Airplane', 0.019415505), ('Pig', 0.01902404), ('Church bells', 0.018176377), ('Laughing', 0.01757113),
('Frog', 0.01688825), ('Crickets', 0.016160497), ('Door, wood creaks', 0.015417174), ('Hand saw', 0.0151752485), ('Helicopter', 0.
015110177), ('Toilet flush', 0.014456635), ('Pouring water', 0.014369339), ('Cow', 0.014173315), ('Breathing', 0.013858028), ('Thu
nderstorm', 0.01255633), ('Sheep', 0.012190858), ('Clapping', 0.012077085), ('Engine', 0.011670381), ('Keyboard typing', 0.0111727
51), ('Can opening', 0.010127543), ('Insects (flying)', 0.009628861), ('Drinking, sipping', 0.009613964), ('Clock tick', 0.0081428
08), ('Footsteps', 0.007989032), ('Wind', 0.007955519), ('Siren', 0.007465986), ('Sea waves', 0.0072225137), ('Crow', 0.00532495
```

图 5-28　预测结果

从图 5-28 中可以看到，音频文件中的很多声音都被识别出来了，还可以看到每种声音的置信度。

上述音频分类任务的实现代码已在 AI Studio 平台公开，可以通过 https://aistudio.baidu.com/aistudio/projectdetail/2297059 查看该任务的实现代码。

家庭作业

识别城市声音

西岐的居民越来越多，为保障生活安全，需要识别小孩子玩闹、狗叫等声音，以便在发出异响时及时报警。请你设计一个声音分类器，识别这些声音并对它们进行分类。

扫描封底二维码，下载数据集，结合家庭作业参考答案，即可完成实践。

身先士卒闯虎穴，文本相似铸奇绝

何为文本相似度

殷商气数已尽，西周日益昌盛。黄飞虎率十万雄师往青龙关来，一路浩浩荡荡，威风凛凛。青龙关总兵丘引擅长旁门左道之术，头顶有一颗碗口大小的摄魂红珠，见者无不失魂。凭借这项秘术，丘引成功俘获周军邓九公、黄天祥两员大将，并将其斩首后悬于城楼示众。黄飞虎和军师姜子牙悲愤填膺，但苦无良策，因此人头痛不已。

这天，哪吒混入青龙关内，准备勘查敌情，回去为师叔分忧。偶然发现一群青年壮士正在聚众抗议，一打听才知道他们是在怀疑最近征兵考试中有人抄袭他们的文章。只见一个大腹便便、老态龙钟的主考官不耐烦地说："我奉丘将军之命主掌征兵考试事宜，公平、公正、公开，这几万张试卷你们想复核就复核吧，只是午时一到，我会即刻将结果上呈将军，若是你们没有找出来，那就别怪我不客气了！"这群抗议的年轻人面面相觑，小声嘀咕起来……哪吒见状立马站了出来，说道："让我来查！"(见图 6-1。)

哪吒拿出电脑，打开百度 AI 开放平台，点击"开放能力"，选中"自然语言处理"，点击"短文本相似度"，如图 6-2 所示。

图 6-1　哪吒妙计查抄袭

技术能力
语音技术
图像技术
文字识别
人脸与人体识别
视频技术
AR与VR
自然语言处理 >
知识图谱
数据智能
场景方案
部署方案

语言处理基础技术 >
词法分析 热门
词向量表示
词义相似度
依存句法分析
DNN语言模型
短文本相似度 热门

文本审核 > 热门
色情识别
暴恐违禁
政治敏感
恶意推广
低俗辱骂
低质灌水

文心ERNIE > 新品

语言处理应用技术 >
文本纠错
情感倾向分析 热门
评论观点抽取
对话情绪识别
文章标签 热门
文章分类
新闻摘要
地址识别 新品

智能文档分析 > 邀测

场景方案
智能招聘
合同智能处理 邀测
媒体 策采编审 邀测
消费者评论分析

机器翻译 >
通用文本翻译
垂直领域翻译
翻译定制化训练
文档翻译
语音翻译
图片翻译
英语口语评测
AI同传 邀测
翻译私有化部署

开发平台
内容审核平台
智能创作平台
智能对话定制与服务平台UNIT

AI中台 >

生态合作计划
NLP合作伙伴招募计划
合作伙伴权益与标准

客户案例
人民日报-助力发布“创作大脑”
国美在线—智能化服务评分
犀语科技—金融文本自动处理
头文科技—AI助力内容营销

部署方案
AI产品私有化方案

开源技术
NLP开源工具

图 6-2　百度 AI 开放平台

进入短文本相似度的介绍界面（如图 6-3 所示）后，界面中显示了其功能介绍：提供两个短文本之间的语义相似度计算功能，输出的相似度是一个介于 0 到 1 之间的实数值，输出的数值越大，代表两个短文本之间的语义相似程度越高。

图 6-3　短文本相似度主页

揭开文本相似度的神秘面纱

“文本是相似的”是指它们有相同的话题或它们表达了相似的意思，其相似程度一般采用文本相似度来表示。文本相似度已经在多个领域得到了应用，比如，在信息检索领域，很多应用中都需要根据文本相似度来检索其相似文本，从而找到相似的内容。

在百度中搜索“哪吒是男孩吗”，就能找到很多相似的问题，比如“哪吒是男生还是女生”“哪吒是男孩还是女孩啊？”等，如图 6-4 所示。

在新闻推荐方面，也可以通过某用户刚刚浏览的新闻标题，检索出其他相似的新闻推荐给该用户。比如，在百度新闻页面中浏览“植树节：为什么植树是公民义务？”，百度会推荐更多与“为什么植树是公民义务”相似的新闻，如图 6-5 所示。

哪吒是男孩吗　　百度一下

www.shangc.net

哪吒是男生还是女生 - 尚之潮

2020年2月12日 哪吒是男生,虽说我们的这位小魔童有着女孩子一般清秀的外貌和打扮,可他却是个丝毫不打折扣的男生,许多网友们由于在荧幕上观看到了许多哪吒偏向于女性风格的装扮图片...

www.shangc.net/question/49360....　百度快照

哪吒是男孩还是女孩啊? - 百度知道

8个回答 - 回答时间: 2019年8月8日

最佳答案: 据我所了解的哪吒的外貌很像一个女孩,但是他其实是一个男的!在西游中,孙悟空见到哪吒的第一眼,就称呼哪吒为"小哥",哪吒还自称三太子,...

更多关于哪吒是男孩吗的问题>>

百度知道　百度快照

其他人还在搜

一定怀男孩的方法如下　哪吒为什么是女儿身　哪吒的性别　李哪吒

哪吒是男孩还是女孩啊　请问哪吒是男孩还是女孩　哪吒是男孩儿是女孩儿

《哪吒》首映票房喜人,宋祖儿搞怪灵魂提问:哪吒是男孩还是...

2019年7月26日 在这段小视频中,两人重现了电影《大圣归来》中一段涉及哪吒的对话,"哪吒是男孩还是女孩"这个话题还曾登上热搜。今天,曾经被誉为"最美哪吒"的宋祖儿,也为《...

一叶知娱　百度快照

哪吒是男孩还是女孩? - 百度知道

9个回答 - 回答时间: 2019年10月30日

最佳答案: 我说把哪吒前世是灵珠转世没有性别,后世是太乙真人重铸肉身用的是莲藕八成是女的。

更多关于哪吒是男孩吗的问题>>

图 6-4 "哪吒是男孩吗"的搜索结果

为什么植树是公民义务?

3月12日是植树节,你知道吗?植树节已写入《中华人民共和国森林法》。据悉,早在40年前,全国人大就作出决议,规定公民每年应植树3-5棵,其效力与法律等同。详细 >

北京日报客户端　6小时前

全民义务植树网　植树节的来历和意义　林长制助推植树造林发展　植树节百科

资讯 >

你欠多少棵树?一文读懂为什么植树是公民义务

在3月12日中国植树节前夕,"你欠了多少棵树"的词条冲上微博热搜。不少人这才头一次知道:早在40年前,全国人大就作出决议,规定...

北京日报客户端　6小时前

植树节:为什么植树是公民义务 3.12植树节的来历意义...

我们都知道,每年的3.12为植树节,植树节是按照法律规定宣传保护树木,并组织动员群众积极参加以植树造林为活动内容的节日。那么,...

深圳热线　5小时前

幼师:为什么植树是公民义务?如何陪孩子过好植树节?

在3月12日中国植树节前夕,"你欠了多少棵树"的词条冲上微博热搜。不少人这才头一次知道:早在40年前,全国人大就作出决议,规定...

教师的枕边书　3小时前

你欠了多少棵树?一文读懂为什么植树是公民义务

图 6-5 百度的新闻推荐

了解了文本相似度的定义后，如何计算两个文本的相似度呢？

文本预处理

与做情感倾向分析任务时一样，需要对文本进行预处理，包括数据清洗和分词。第3章的第2节介绍了文本预处理中的数据清洗和分词方法，这里不再对此内容进行详细介绍。以下面的两句话为例：

"想去#陈塘关#旅游，哪家旅行社比较便宜又好？"

"去#陈塘关#旅游，有哪家旅行社比较好😊？"

数据清洗

首先进行数据清洗，清洗后的数据为：

"想去陈塘关旅游，哪家旅行社比较便宜又好？"

"去陈塘关旅游，有哪家旅行社比较好？"

分词

接下来进行分词，分词后的数据为：

"想 去 陈塘关 旅游 ，哪家 旅行社 比较 便宜 又 好 ？"

"去 陈塘关 旅游 ，有 哪家 旅行社 比较 好 ？"

相似度计算

人非常容易判断出上面的两句话是不是表达了同样的意思，那么机器是如何进行判定的呢？机器需要借助文本相似度计算方法来进行判定。以下面的两句话为例：

"想 去 陈塘关 旅游 ，哪家 旅行社 比较 便宜 又 好 ？"

"去 陈塘关 旅游 ，有 哪家 旅行社 比较 好 ？"

通过观察发现，两个句子中都包含词语“去”“陈塘关”“旅游”“哪家”“旅行社”“比较”“好”，这七个词语。两个句子一共包含“陈塘关”“旅游”“哪家”“旅行社”“比较”“好”“想”“去”“便宜”“又”十个词语。

通过计算两个句子中词语交集与两个句子中词语并集的比值，可以得到两个文本的相似度，这两个句子的相似度为0.7。这种计算文本相似度的方法属于词共现占比统计，即杰卡德相似系数法，杰卡德系数值越大，则文本相似度越高。

开启文本相似度的实践之路

第一步 模型配置

1）打开百度EasyDL平台，网址为https://ai.baidu.com/easydl/，点击图6-6中的【立即使用】按钮，选择模型类型为【短文本相似度】，如图6-7所示，进入操作台界面。

图6-6 百度EasyDL平台

2）点击图6-8中的【创建模型】按钮，配置模型基本信息，如图6-9所示，点击【完成】按钮，完成模型的创建。

图 6-7　选择模型类型

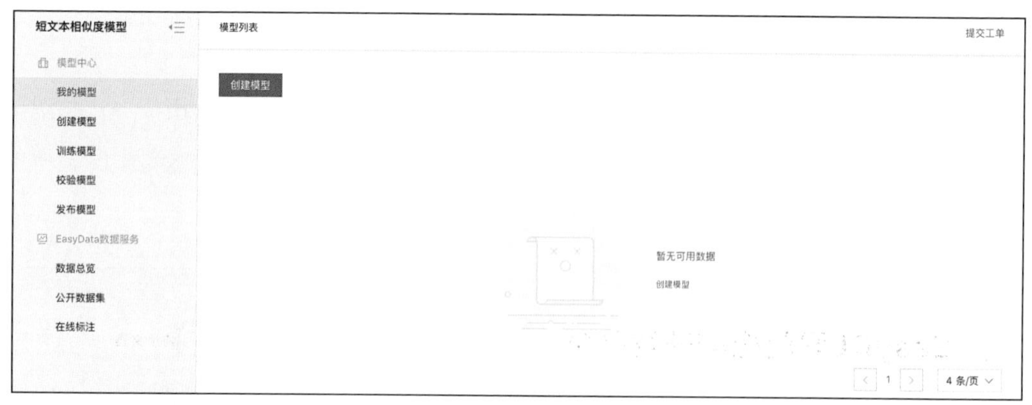

图 6-8　创建模型

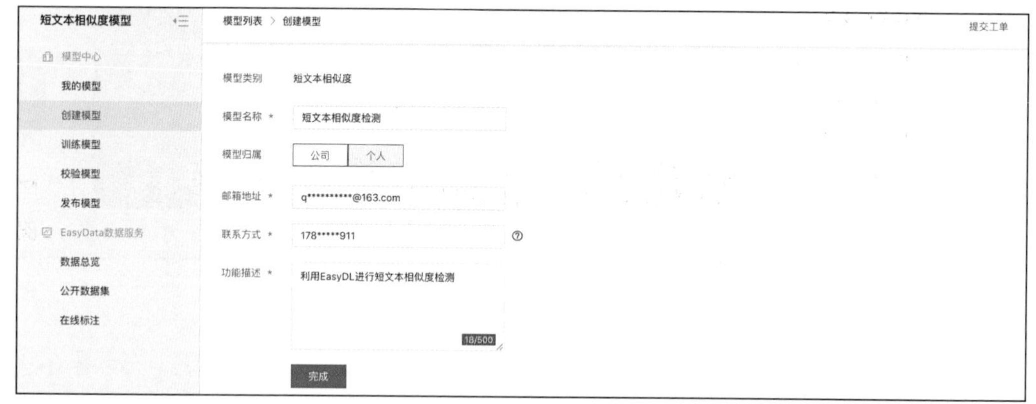

图 6-9　填写模型信息

第二步 准备数据

本节利用百度 EasyDL 平台提供的公开数据集进行训练，在【公开数据集】界面中可对数据集进行查看，如图 6-10 所示。

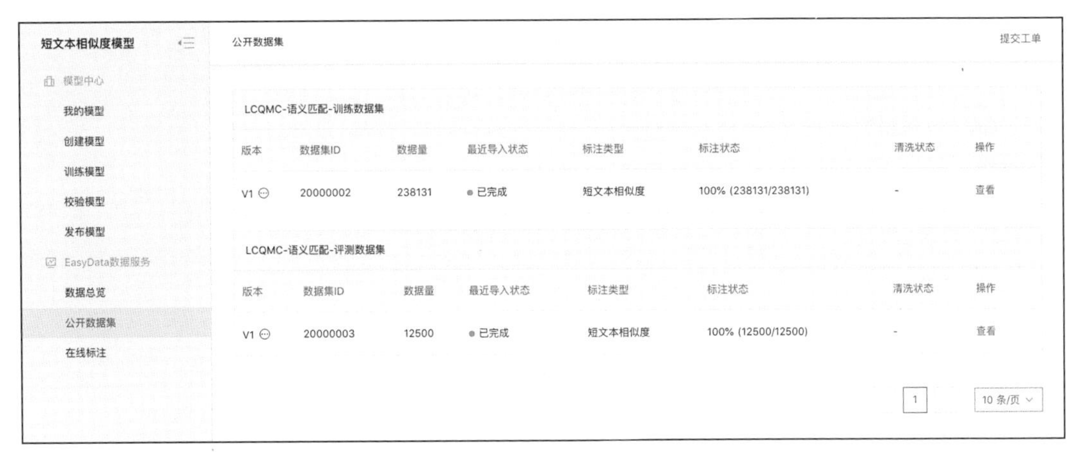

图 6-10　公开数据集

第三步 训练模型并校验结果

1）点击【训练模型】，进行训练配置并添加数据，本节采用公开数据集进行训练，配置完成后点击【开始训练】按钮，如图 6-11 和图 6-12 所示。

图 6-11　模型训练

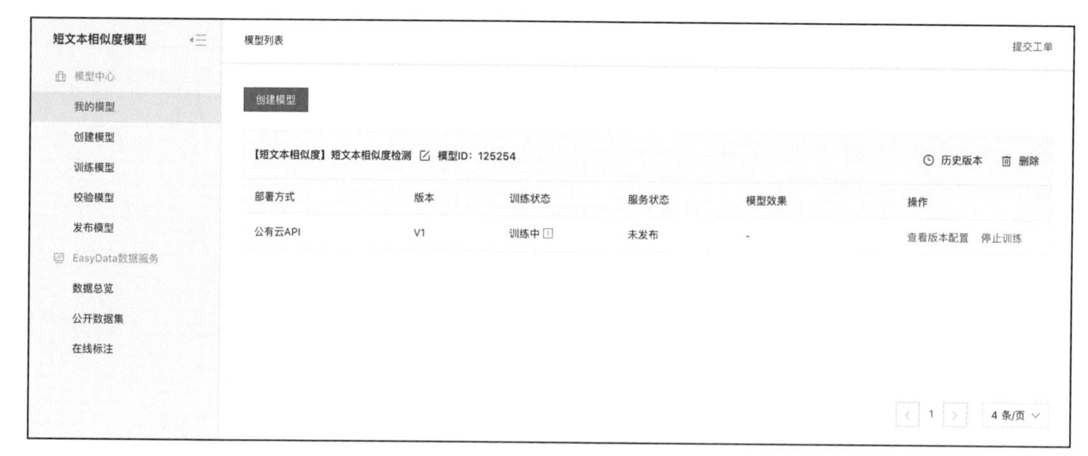

图 6-12　模型训练中

2）在【我的模型】中查看训练完成的模型，如图 6-13 所示。

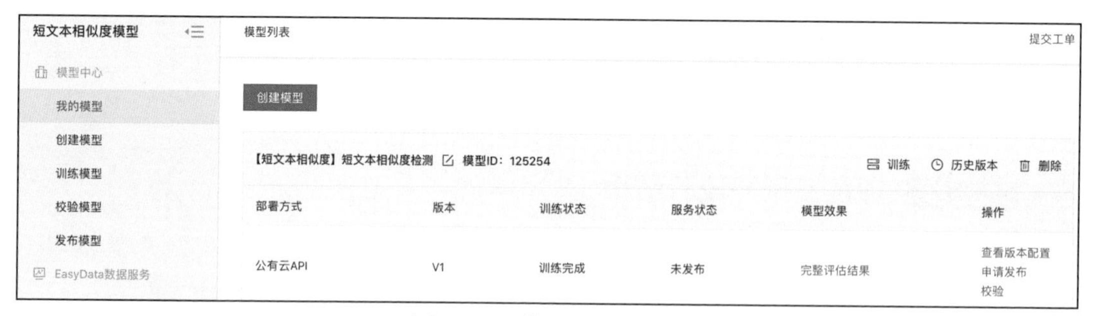

图 6-13　模型训练完成

3）点击【校验模型】，在该界面中点击【测试相似度】按钮，输入两个事先准备好的句子，验证模型的有效性，如图 6-14 所示。

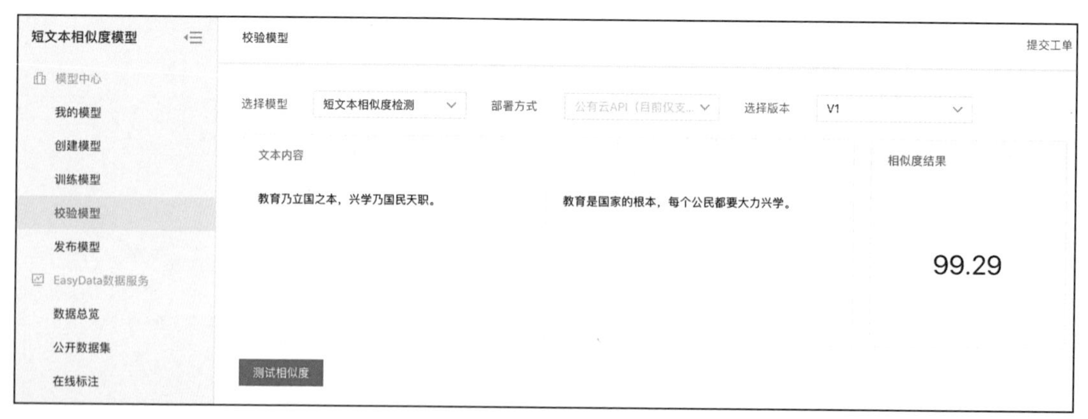

图 6-14　校验模型

哪吒使用法宝“文本相似笔”，片刻就找出了徇私舞弊的考生，原来是丘将军的外甥！一时间，群情激愤，民怨沸腾，丘引不得不出来平息局面。哪吒怎能放过如此良机，他火速放出烟花通知城外的师叔姜子牙，同时抛出乾坤圈把丘引四肢震碎，踏上风火轮直接飞到丘引面前擒住了他。就这样，哪吒和姜子牙里应外合，长驱直入，一举拿下了青龙关。

文本相似度的进阶方法

这天，哪吒正在青龙关内清点伤兵。突然，人群中一位似曾相识的少年走了过来，满脸疑惑地问道：“哪吒兄弟，那日我见你使用 EasyDL 查相似文章，实在是妙哉！我也想向您请教一下，还有其他更厉害的方法吗？”哪吒见这位少年如此好学，开心地回答道：“兄台，确有更佳之法，它就是 PaddleHub，可以通过代码快速完成计算文本相似度的任务。接下来，我就给你演示一遍吧。”

说罢，哪吒在浏览器中输入 https://aistudio.baidu.com/aistudio/index，进入 AI Studio 平台，新建了一个 Notebook 项目。接下来，他便开始编写 Python 代码来实现文本相似度的计算。

第一步 下载 LCQMC 数据集

LCQMC 数据集是公开的语义匹配权威数据集。PaddleNLP 已经内置该数据集，一键即可加载，代码如下：

```
!pip install -U paddlepaddle -i https://mirror.baidu.com/pypi/simple
# 正式开始实验之前，首先通过如下命令安装最新版本的 paddlenlp
!pip install --upgrade paddlenlp -i https://pypi.org/simple
```

第二步 搭建模型

自 2018 年 10 月以来，NLP 领域的任务都使用 Pretrain+Finetune 模式，与传统 DNN 方法相比，其效率显著提升，本节以百度开源的预训练模型 ERNIE-Gram 为基础模型，在此之上构建 Point-wise 语义匹配网络。

首先我们来定义网络结构。基于 ERNIE-Gram 模型结构搭建 Point-wise 语义匹配网络，如下面的代码所示，其中第 2 行代码先定义了 ERNIE-Gram 的 pretrained_model，具体的实现见代码中的注释。

```
import paddle.nn as nn
pretrained_model = paddlenlp.transformers.ErnieGramModel.from_pretrained('ernie-
    gram-zh')
class PointwiseMatching(nn.Layer):
    # 此处的 pretained_model 在本例中会被 ERNIE-Gram 预训练模型初始化
    def __init__(self, pretrained_model, dropout=None):
        super().__init__()
        self.ptm = pretrained_model
        self.dropout = nn.Dropout(dropout if dropout is not None else 0.1)
        # 语义匹配任务：相似、不相似二分类任务
        self.classifier = nn.Linear(self.ptm.config["hidden_size"], 2)
    def forward(self,
                input_ids,
                token_type_ids=None,
                position_ids=None,
                attention_mask=None):
        # 此处的 input_ids 由两条文本的 token ids 拼接而成
        # token_type_ids 表示两段文本的类型编码
        # 返回的 cls_embedding 表示这两段文本经过模型的计算之后得到的语义表示向量
        cls_embedding = self.ptm(input_ids, token_type_ids, position_ids,attention_
            mask)
        cls_embedding = self.dropout(cls_embedding)
        # 基于文本对的语义表示向量进行二分类任务
        logits = self.classifier(cls_embedding)
        probs = F.softmax(logits)
        return probs
# 定义 Point-wise 语义匹配网络
model = PointwiseMatching(pretrained_model)
```

第三步 模型预测

接下来，就可以使用 PaddleHub 来下载一个情感分析模型了，如下面的代码所示。我们首先执行定义好的预测函数，如第 1 行代码所示，第 2 行代码用于根据预测概率获取预测 label。

```
y_probs = predict(model, predict_data_loader)
y_preds = np.argmax(y_probs, axis=1)
test_ds = load_dataset("lcqmc", splits=["test"])
```

最后，打印每个待预测视频文件的预测结果，预测结果如图 6-15 所示。

```
with open("lcqmc.tsv", 'w', encoding="utf-8") as f:
```

```
        f.write("index\tprediction\n")
        for idx, y_pred in enumerate(y_preds):
            f.write("{}\t{}\n".format(idx, y_pred))
            text_pair = test_ds[idx]
            text_pair["label"] = y_pred
            print(text_pair)
```

从图 6-15 中可以看到文本是否相似，label 为 1 表示相似，为 0 则表示不相似。

```
{'query': '现在女生流行什么发型？', 'title': '女生现在流行什么发型？', 'label': 1}
{'query': '为什么坐车玩手机会晕车', 'title': '为什么我坐车玩手机不晕车', 'label': 0}
```

图 6-15　预测结果

因为实际代码过长，所以本节只给出了部分代码。上述文本相似度任务的实现代码已在 AI Studio 平台公开，可以通过 https://aistudio.baidu.com/aistudio/projectdetail/2297033 查看该任务的实现代码。

家庭作业

检查城中流行的诗歌有没有抄袭

为了保护西岐城中诗人的原创诗歌，请设计一套相似诗歌检测系统，帮助诗人发现他的诗歌有没有被抄袭。

扫描封底二维码，下载数据集，结合家庭作业参考答案，即可完成实践。

众志成城齐抗敌，文字识别谱传奇

何为文字识别

伐纣大军自开拔以来，战无不胜，所向披靡，转眼就攻到了穿云关。先行官龙安吉不敌哪吒，请来一个名叫吕岳的怪人前来助阵。只见此人身穿大红道袍，头发火红却脸色靛蓝，巨口獠牙，精通瘟疫法术，是九龙岛声名山的炼气士，一个令人闻风丧胆的制毒高手。他趁两军交战之际布下瘟癀阵，无数周军将士染疫病危，就连大名鼎鼎的军师姜子牙也中了招。

危难之际，幸有清虚道德真君门下杨任，持五火七禽扇破了此阵。但这吕岳狡猾无比，趁瘴气弥漫，坐上一辆车牌号为“京N·8××F8”的马车落荒而逃，麾下士兵更是个个丢盔弃甲，抱头鼠窜。姜子牙料到此人不除，日后必有大患，命哪吒追踪擒拿。

哪吒站在车水马龙的街道，看着来来往往的马车络绎不绝，虽然知道吕岳乘坐马车的车牌号，但即使这么聚精会神地盯着，也没办法把这辆马车找出来（见图7-1）。哪吒揉了揉酸胀的眼睛，无意中在乾坤袋里摸到了一个法宝——“文字识别珠”，便乐开了花，说道：“有此法宝，定可助我寻到吕贼！”

哪吒打开万能的“百度AI开发平台”，在“开放能力”页面中选择“文字识别”，发现有一个“车牌识别”法宝，如图7-2所示，点击进入车牌识别的页面。

图 7-1　哪吒识别吕岳乘坐的马车

Bai大脑 | AI开放平台　开放能力　开发平台　行业应用　客户案例　生态合作　AI市场　开发与教学　资讯　社区　控制台

技术能力
语音技术
图像技术
文字识别 >
人脸与人体识别
视频技术
AR与VR
自然语言处理
知识图谱
数据智能
场景方案
部署方案

通用场景文字识别 >
通用文字识别 热门
网络图片文字识别 热门
办公文档识别 新品
数字识别
手写文字识别
表格文字识别
二维码识别

交通场景文字识别 >
行驶证识别 热门
驾驶证识别
车牌识别 热门
VIN码识别
车辆合格证识别
机动车登记证书识别
机动车销售发票识别
二手车销售发票识别 邀测
磅单识别 邀测

卡证文字识别 >
身份证识别 热门
银行卡识别 热门
营业执照识别
名片识别
护照识别
户口本识别
港澳通行证识别
台湾通行证识别
出生医学证明识别
多卡证类别检测 邀测

iOCR自定义模板文字识别 >
iOCR通用版 热门
iOCR财会版

EasyDL OCR自训练平台 >

文字识别离线SDK > 新品

财务票据文字识别 >
混贴票据识别
银行回单识别
增值税发票识别 热门
增值税发票验真 新品
定额发票识别
通用机打发票识别 新品
火车票识别
出租车票识别
飞机行程单识别
汽车票识别 邀测
过路过桥费发票识别 邀测
船票识别 邀测
网约车行程单 邀测
通用票据识别
银行汇票识别
银行支票识别

文字识别私有化部署方案 > 新品

教育场景文字识别 >
试卷分析与识别 热门
公式识别

医疗票据文字识别 >
医疗发票识别 热门
医疗费用明细识别 邀测
医疗费用结算单识别 邀测
病案首页识别 邀测
保险单识别

其他场景文字识别 >
仪器仪表盘读数识别
门脸文字识别
印章识别
拍照翻译
彩票识别 邀测
智能结构化识别 邀测
价签识别 邀测

图 7-2　百度 AI 开发平台

进入车牌识别页面后，拖动到“功能演示”部分，如图 7-3 所示。

图 7-3　OCR 功能演示

点击“本地上传”按钮，从本地上传一张要识别的车牌图片，就可以在右侧看到车牌的识别结果。

哪吒的“文字识别珠”是怎么炼成的呢？

揭开 OCR 的神秘面纱

我们每天都被文字所包围，我们办公用到的文件、上课的板书、商品的介绍等都由文字组成，而其中涉及一项关键的技术——OCR（Optical Character Recognition，光学字符识别）。OCR 是指通过电子设备（例如扫描仪或数码相机）检查纸上打印的字符，通过检测暗、亮的模式来确定其形状，然后用字符识别方法将形状翻译成计算机文字的过程。

OCR 最著名的应用场景是将打印的纸质文档转换为机器可读的文本文档。利用 OCR 技术处理扫描的纸质文档，该文档中的文本就可以在 Word 这样的文字处理软件中进行编辑。在 OCR 技术出现之前，将打印的纸质文档数字化的唯一方式是在电脑设备上手动输入文本内容，这不仅耗费大量时间，还会出现录入内容不准确和打字错误的问题。

现在，该技术已被广泛应用到工作环境当中，先进、强大的 OCR 技术能帮助人们创建、处理和重新编辑各类文档，人们可以节省出更多的时间和精力去做其他有价值的事情。比如，保险公司在审核和处理各类客户资料时，通过 OCR 技术可以提高内容修改和录入的效率；金融公司可以借助 OCR 技术提升处理票据的速度；企业合作时，双方纸质协议的变更和修改等都可以借助 OCR 技术去高效地完成。OCR 技术的运用大大提高了工作效率。

在 20 世纪 50 年代，IBM 就开始利用 OCR 技术实现各类文档的数字化了；20 世纪 80 年代，平板扫描仪的诞生让 OCR 进入了商用阶段，但那时的 OCR 设备对于文字背景的要求非常高，也需要很高的成像质量。

从整体上来说，OCR 一般分为两个步骤：图像处理和文字识别。

图像处理

在识别文字前，我们要对原始图片进行预处理，以便进行后续的特征提取和学习。这个过程通常包含：灰度化、二值化、图像降噪、倾斜校正和文字切分等步骤。每一个步骤都涉及不同的方法。我们以下面的原始图片为例来讲解每个步骤，如图 7-4 所示。

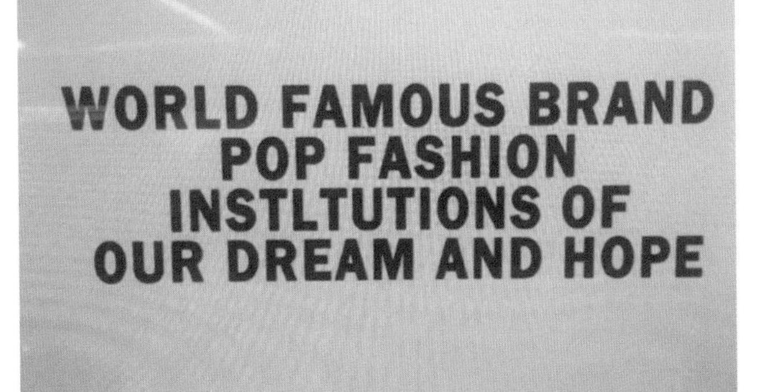

图 7-4　原始图像

1. 灰度化

在 RGB 模型中，如果 R=G=B，则彩色表示一种灰度颜色，其中 R=G=B 的值叫作灰度值。因此，灰度图像的每个像素只需一个字节存放灰度值（又称强度值、亮度值），灰度值的范围为 0 ～ 255。通俗来讲，就是将一张彩色图片变为黑白图片，如图 7-5 所示。

WORLD FAMOUS BRAND
POP FASHION
INSTLTUTIONS OF
OUR DREAM AND HOPE

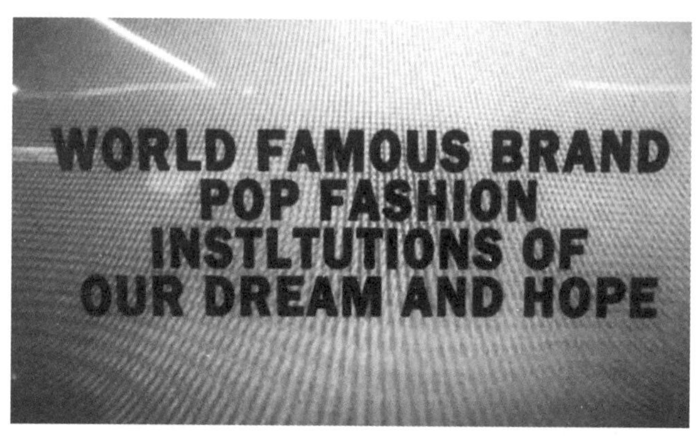

图 7-5　灰度图像

2. 二值化

一幅图像包括目标物体、背景和噪声，要想从多值的数字图像中直接提取出目标物体，最常用的方法就是设定一个阈值 T，用 T 将图像的数据分成两部分：大于 T 的像素群和小于 T 的像素群。这是进行灰度变换的特殊的方法，称为图像的二值化。

二值化的黑白图片不包含灰色，只有纯白和纯黑两种颜色，如图 7-6 所示。

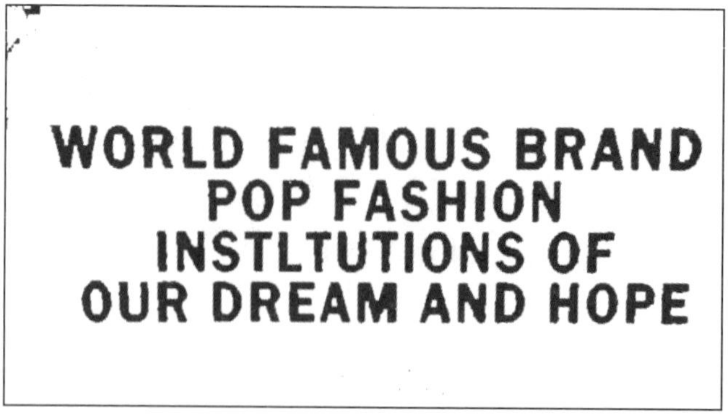

WORLD FAMOUS BRAND
POP FASHION
INSTLTUTIONS OF
OUR DREAM AND HOPE

图 7-6　二值化的黑白图片

3. 图像降噪

现实中的数字图像在数字化和传输过程中通常会受到成像设备与外部环境噪声等因素的影响，得到的图像即为含噪图像或噪声图像。减少数字图像中噪声的过程称为图像降噪。

图像中噪声有许多种来源，涉及图像采集、传输、压缩等各个方面。噪声的种类也各不相同，比如高斯噪声等，针对不同的噪声有不同的处理方法。

通过二值化得到的图像中有很多零星的小黑点，如图 7-7 所示，这些小黑点就是图像中的噪声。噪声会极大干扰程序对于图片的切割和识别，因此我们需要对图像进行降噪处理。降噪在这个阶段非常重要，降噪算法的好坏对特征提取的影响很大。降噪后的图片如图 7-7 所示。

WORLD FAMOUS BRAND
POP FASHION
INSTLTUTIONS OF
OUR DREAM AND HOPE

图 7-7　降噪后的图片

4. 倾斜校正

对于用户而言，拍照的时候不可能做到绝对水平，需要通过程序对图像进行旋转处理，从而找到我们认为最可能水平的位置，这样切割出来的图才有可能呈现最好的效果。

倾斜校正最常用的方法是霍夫变换，其原理是将图片进行膨胀处理，将断续的文字连成一条直线，便于直线检测。计算出直线的角度后就可以利用旋转算法将倾斜图片矫正到水平位置了。

5. 文字切分

对于一段多行文本，文字切分包含行切分与字符切分两个步骤，倾斜校正是文字切分的前提。我们将倾斜校正后的文字投影到 Y 轴，并将所有值累加，就能得到一个在 Y 轴上的直方图，如图 7-8 所示。

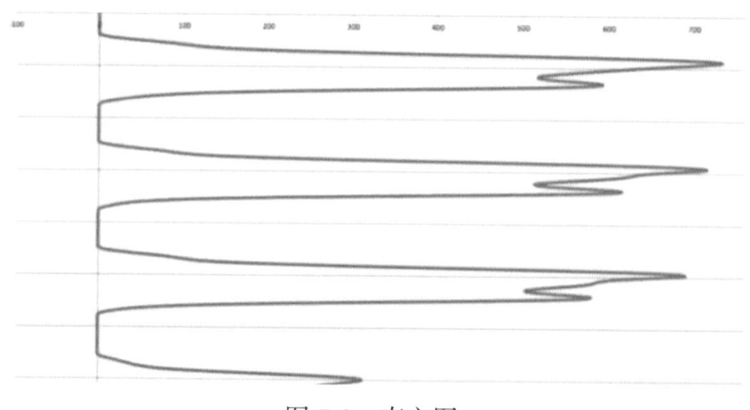

图 7-8　直方图

直方图的谷底就是背景，峰值是前景（文字）所在的区域。这样，我们就将每行文字的位置识别出来了，如图 7-9 所示。

WORLD FAMOUS BRAND
POP FASHION
INSTLTUTIONS OF
OUR DREAM AND HOPE

图 7-9　每行文字位置的识别

字符切分和行切分类似，只是字符切分要将每行文字投影到 X 轴。

要注意的是，同一行中的两个字符往往挨得比较近，有时会出现垂直方向上的重叠，投影时会将它们视为一个字符，从而在导致切分时出错，这种情况多出现在英文字符中；有时同一个字符的左右结构在 X 轴的投影存在一个小间隙，切分时会误把一个字符切分为两个字符，这种情况多出现在中文字符中。所以与行切分相比，字符切分更难。

对于上述情况，我们可以预先设定一个字符宽度的期望值，如果切分的字符投影后的值远远超出期望值，则认为是两个字符；如果切分的字符投影后的值远远小于期望值，则忽略这个间隙，把间隙左右的“字符”合成为一个字符加以识别，如图 7-10 所示。

WORLD FAMOUS BRAND

图 7-10　字符识别

文字识别

图片预处理完成后，就进入文字识别阶段。

1. 特征提取和降维

特征是用来识别文字的关键信息，每个文字都能通过特征来和其他文字进行区分。对于数字和英文字母来说，特征提取是比较容易的，因为数字和英文字母共有 $10 + 26 \times 2 = 62$ 个字符，而且都是小字符集。对于汉字来说，特征提取的难度就比较大了，因为汉字是大字符集，而且国标中常用的第一级汉字就有 3755 个，再加上汉字结构复杂、形近字多，特征提取是非常不容易的。

在确定使用何种特征后，如果特征的维数太高，分类器的效率会受到很大的影响，为了提高识别速率，往往需要进行特征降维。这个过程很重要，既要降低特征维数，又要使减少维数后的特征向量保留足够的信息量，以便区分不同的文字。

2. 分类器的设计和训练

对一个文字图像，提取出它的特征，将特征交给分类器，分类器就会对其进行分类，告诉你该特征应该被识别成哪个文字。那么，该怎么设计分类器呢？分类器的设计方法一般有模板匹配法、判别函数法、神经网络分类法、基于规则推理法等，这里详细介绍这些方法。在进行实际识别前，还要对分类器进行训练，这是一个监督学习的过程。

我们可以使用第 2 章中的图像分类知识来设计一个分类器，并对其进行训练。

3. 后处理

后处理其实就是对分类器的分类结果进行优化。

首先是形近字的处理。举个例子，“分”和“兮”形近，但是如果遇到“分数”这个词语，就不应该将其识别为“兮数”，因为“分数”才是一个正常词语。

其次是文字排版的处理。比如一些书籍是分左右两栏的，同一行的左右两栏不属于同一句话，也不存在任何语法上的联系。如果按照行切割，就会把左行的末尾和右行的开头连在一起，这是我们不希望看到的，需要对这样的情况进行特殊处理。

对于一般文本，通常将最终识别率、识别速度、版面理解正确率及版面还原满意度 4 个方面作为 OCR 技术的评测依据；而对于表格和票据，通常以识别率或整张通过率及识别速度作为测定 OCR 技术的实用标准。随着人工智能的兴起，人们都在追求工作的简单化，OCR 识别技术可以让从事文字工作的人更轻松。

开启 OCR 的实践之路

EasyDL OCR 平台可以训练文字识别模型，输出图片中文档的关键内容，以满足个性化的卡证票据识别需求，适用于证照电子化审批、财税报销电子化等场景。使用 EasyDL OCR 训练模型主要包括以下几个步骤。

第一步 模型配置

这个阶段的主要任务是配置模型基本信息（包括名称等），并记录希望模型实现的功能。

1）打开 EasyDL 平台主页，网址为 https://ai.baidu.com/easydl/，如图 7-11 所示，点击【立即使用】，进入模型类型选择界面。

图 7-11　EasyDL 平台主页

2）如图 7-12 所示，选择模型类型为【OCR】，进入操作台界面，如图 7-13 所示。

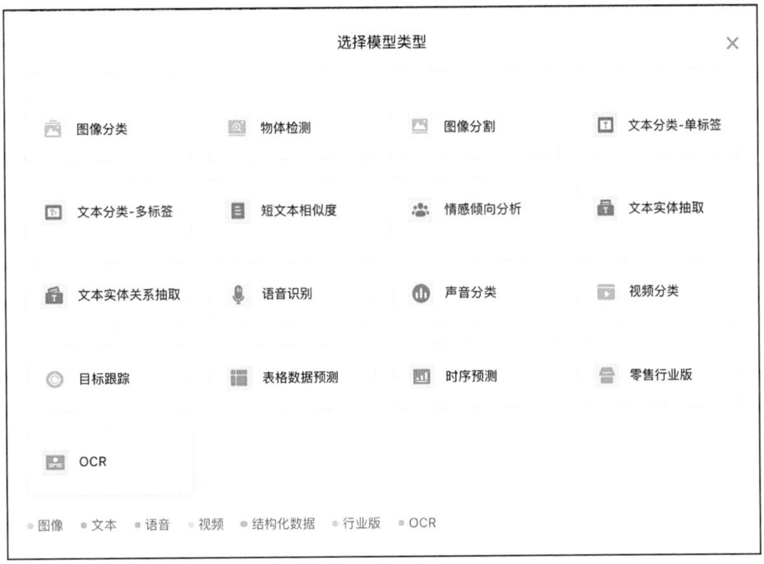

图 7-12　选择模型类型

图 7-13　操作台界面

3）填写模型基本信息。

点击【我的模型】，进入创建模型界面，如图 7-14 所示。

图 7-14　模型列表

点击【创建模型】按钮，如图 7-15 所示，填写模型名称为“车牌识别”，模型归属选择“个人”，填写联系方式、功能描述等信息，点击【创建】按钮，完成模型的创建。

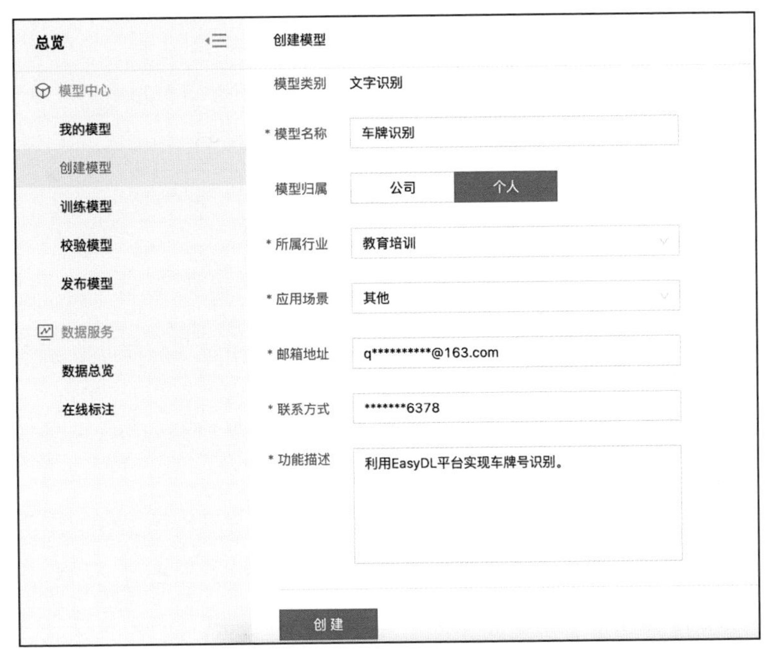

图 7-15　创建 OCR 模型

4）模型创建成功后，可以在【我的模型】中看到刚刚创建的“车牌识别”模型，如图 7-16 所示。

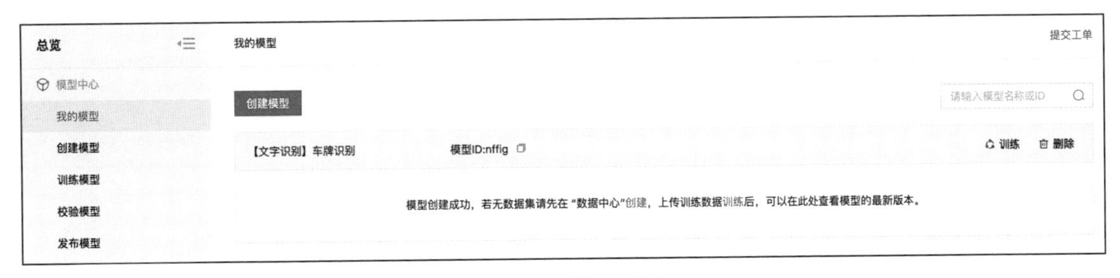

图 7-16　模型列表

第二步　准备数据

这个阶段的主要工作是根据车牌识别任务准备相应的数据集，并把数据集上传到平台，用来训练模型。

（1）准备数据集

本项目选用的拍照得到的车牌数据如图 7-17 所示。将准备好的所有车牌图片放到 ocr_data 文件夹下。

图 7-17　车牌数据

（2）上传数据集

点击图 7-16 中的【创建模型】按钮，在如图 7-18 所示的页面中，填写数据集名称和数据集描述，选择数据类型为图片，最后点击【创建】按钮。

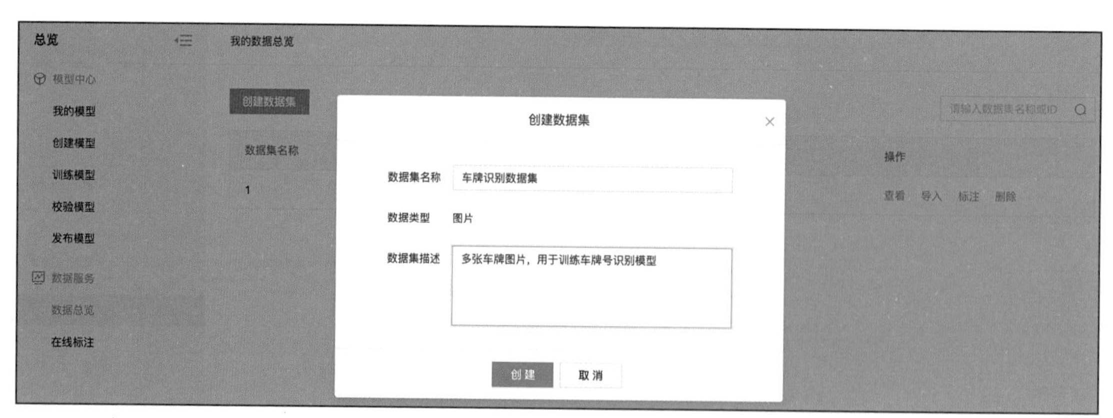

图 7-18　创建数据集

创建成功后，显示如图 7-19 所示的界面。

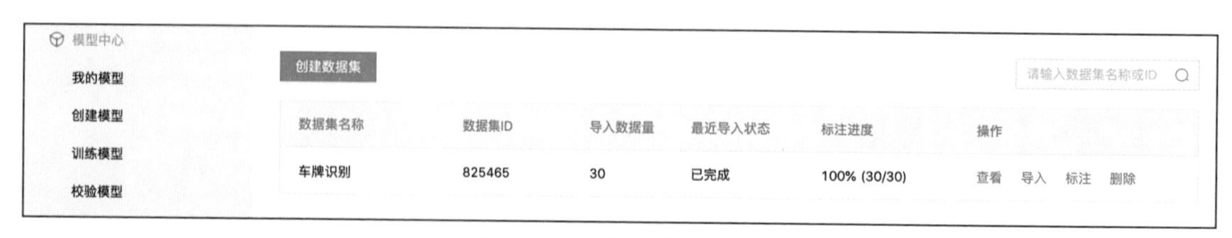

图 7-19　数据集列表

点击图 7-19 界面中的【导入】按钮，显示如图 7-20 所示的界面。点击【上传图片】按钮，从本地选择提前准备好的车牌图片，点击【开始导入】按钮。需要注意的是，上传图片时，每次上传图片的数量不能超过 5 张，若图片数量较多，则需要多次从本地选择图片进行上传。对于这种情况，建议采用压缩包上传的方式。

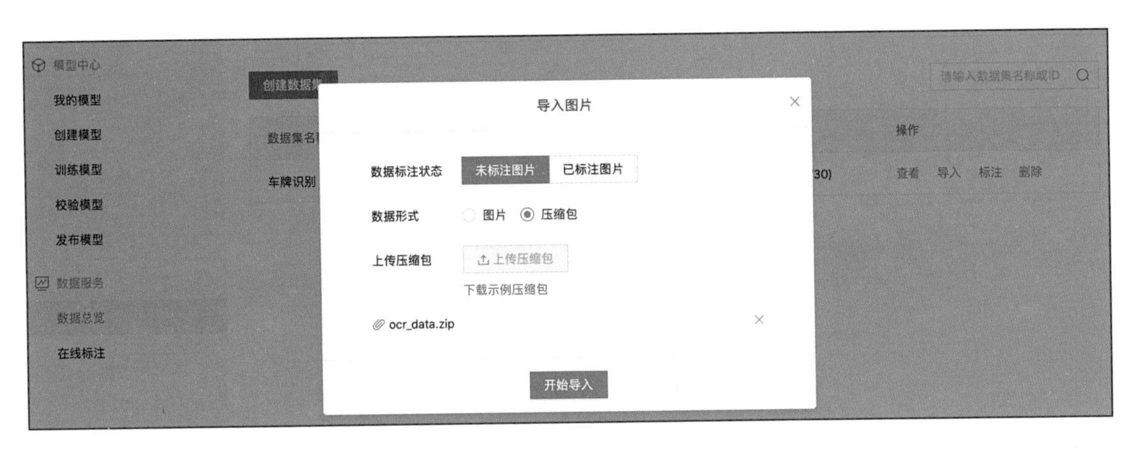

图 7-20　导入图片

数据上传过程如图 7-21 所示，需要一段处理时间，大约几分钟后就可以看到数据上传的结果。

模型中心
我的模型
创建模型
训练模型
校验模型

创建数据集　请输入数据集名称或ID

数据集名称	数据集ID	导入数据量	最近导入状态	标注进度	操作
车牌识别数据集	135680	0	导入中	0% (0/0)	查看 导入 标注 删除

图 7-21　数据导入中

（3）标注数据集

数据导入成功后，在数据集列表界面点击【标注】按钮，在如图 7-22 所示的页面中开始数据标注。点击【添加字段】按钮，创建“车牌号”，系统将显示“车牌号”的 Key、Value 输入框，勾选【Key 值为空】，将鼠标移至左侧，在图片上框选对应区域即可自动识别，完成标注。若识别错误，可手动修改输入框内的文字。

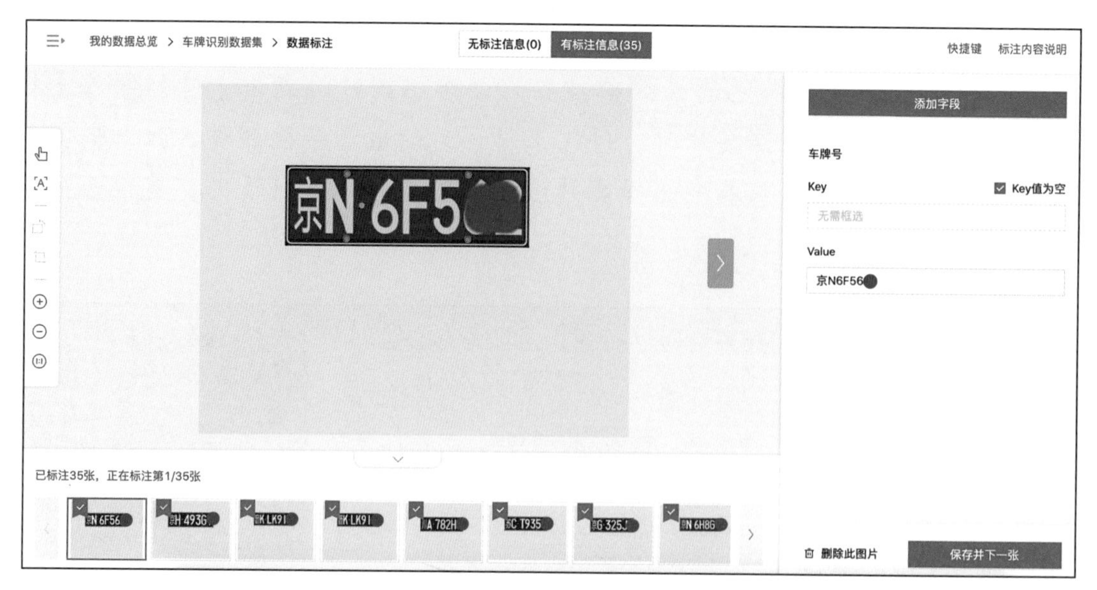

图 7-22　数据标注

需要注意的是，在车牌识别项目中，不需要设置 Key 值，只设置 Value 值即可。但是在有些场景下，需要同时设置 Key 值和 Value 值，比如身份证 OCR 识别等场景，如图 7-23 所示。

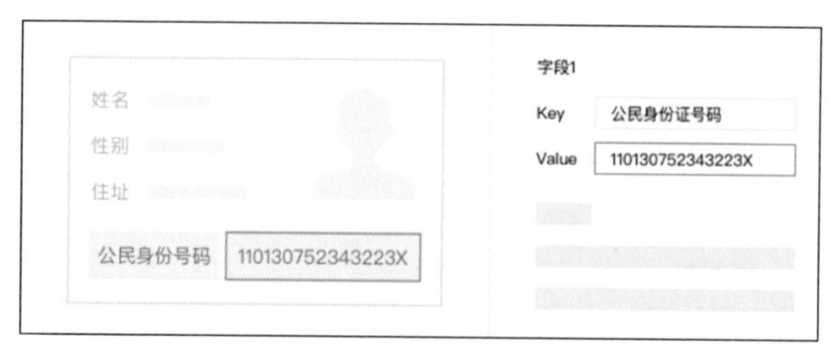

图 7-23　身份证数据标注

第三步　训练模型并校验结果

前两步已经创建好一个车牌识别模型，并且创建了数据集，本步骤的主要任务是用上传的数据一键训练模型，并且在模型训练完成后，在线校验模型的效果。

（1）训练模型

数据上传成功后，在【训练模型】中，选择之前创建的“车牌识别”模型，添加车牌识别数据集，如图 7-24 所示，点击【开始训练】按钮，进入模型训练界面，如图 7-25 所示。训练时间与数据量有关。

图 7-24　添加训练数据

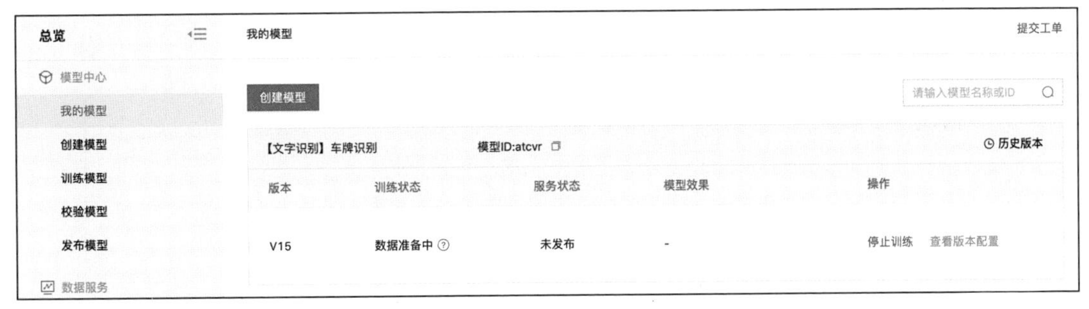

图 7-25　模型训练中

（2）查看模型效果

模型训练完成后，在【我的模型】列表中可以看到模型效果（如图 7-26 所示），以及详细的模型评估报告（如图 7-27 所示）。通过模型训练整体的情况说明可以看到，该模型的训练效果是比较优异的。

（3）校验模型

在图 7-27 中，点击【校验模型】，进入图 7-28 所示的界面，点击【启动模型校验服务】按钮，大约需要等待 5 分钟。

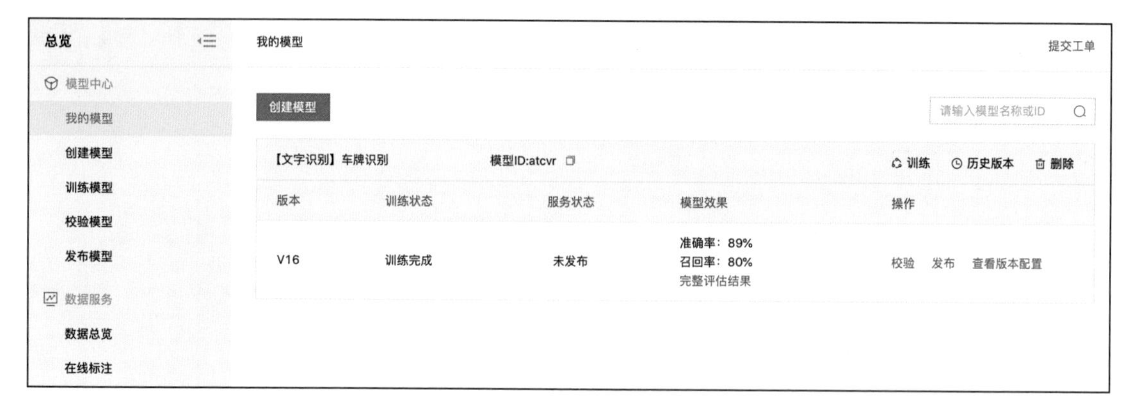

图 7-26　模型训练结果

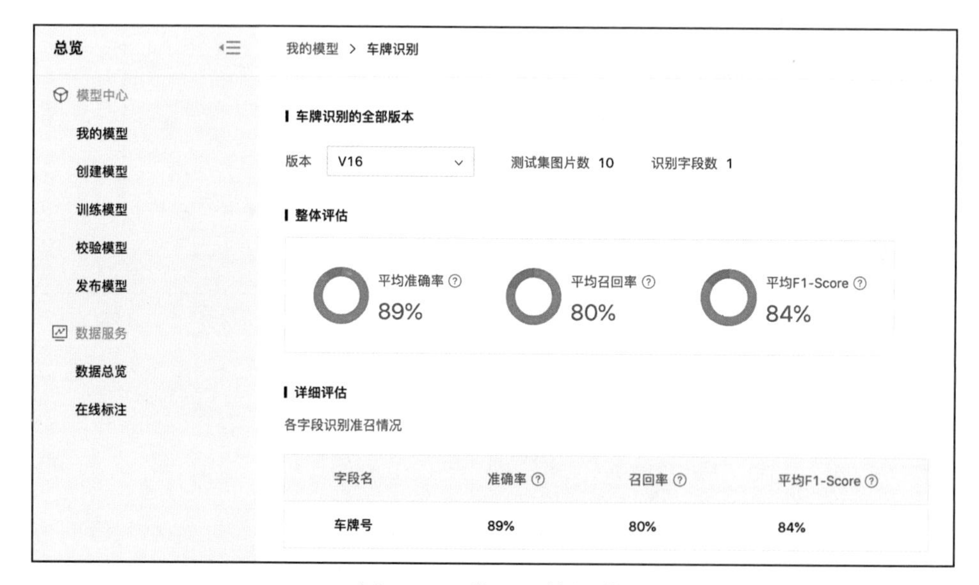

图 7-27　模型整体评估

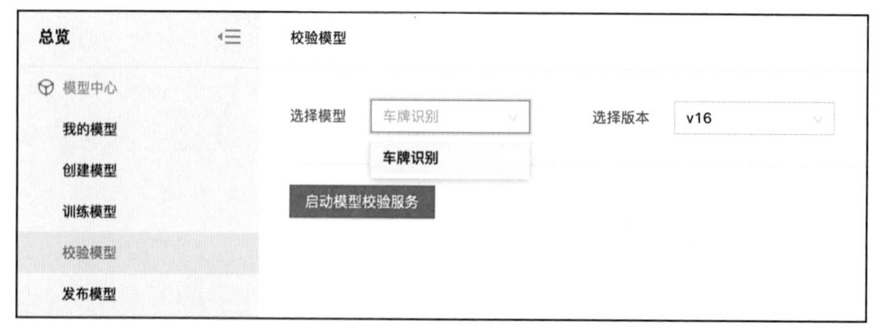

图 7-28　启动模型校验

然后，准备一条图像数据，添加图像，如图 7-29 所示。最后，使用训练好的模型对上传图像进行预测。

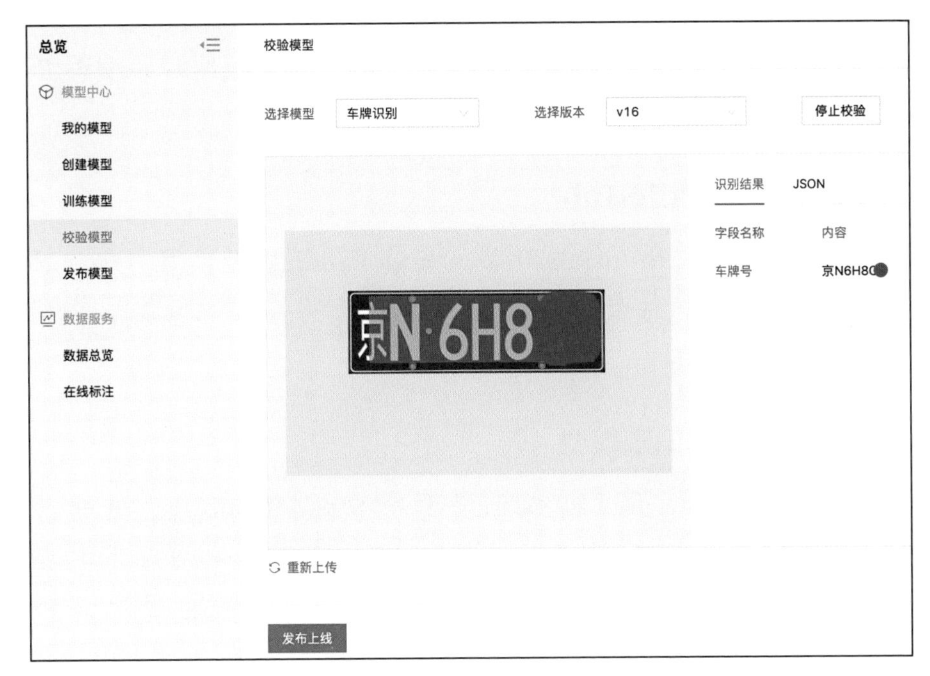

图 7-29　模型校验

哪吒使用“文字识别珠”，很快就找到了吕岳乘坐的那辆马车。哪吒使出混天绫逼停了马车，甩出乾坤圈直接击中了马车车厢。只见吕岳瑟瑟发抖地匍匐在地上，左臂和右腿缠上了厚厚的绷带，两只眼睛因为恐惧布满红血丝……哪吒道：“吕岳贼人，还不束手就擒！”吕岳见逃跑无望，缴械投降，西周大获全胜。

OCR 的进阶方法

此役获胜极大地鼓舞了周军气势，城内也越发繁荣，每天车马络绎不绝。哪吒却开始琢磨另一件事：如今城内马车越来越多，有些马车不遵守交通规则，导致车祸激增。若是也能用 PaddleHub 来进行车牌识别，对不守规矩的马车车主施以惩戒，定能整治一番。

于是，哪吒在浏览器中输入 https://aistudio.baidu.com/aistudio/index，进入 AI Studio 平台，新建了一个 Notebook 项目。接下来，他便开始编写 Python 代码来实现车牌识别。

第一步 安装 PaddleHub

我们首先通过执行 pip install 命令来安装 PaddleHub 工具，如下面的代码所示，并指定所依赖的软件版本。

```
!pip install paddlehub --upgrade -i https://pypi.tuna.tsinghua.edu.cn/simple
```

第二步 加载车牌识别模型

如下面的代码所示，第 1 行代码用于导入 paddlehub 库，并将其命名为 hub，导入 paddlehub 库之后便可以使用 paddlehub 库中的方法和模型了；第 2 行代码用于导入 IPython.display 库的 Image 模块，Image 模块是 Python 语言中常用的图像处理模块，比如可以读取一张图片并展示；第 3 行代码通过 paddlehub 库加载了一个车牌识别模型。

```
import paddlehub as hub
from IPython.display import Image
model=hub.Module(directory='Vehicle_License_Plate_Recognition')
```

第三步 预测车牌结果

加载了车牌识别模型后，接下来就可以使用加载后的模型进行车牌识别了。如下面的代码所示，第 1 行代码中的 img_paths 设置了需要识别的车牌图片；第 2 ～ 5 行代码对于每一张待识别的车牌图片，首先展示该车牌图片，然后使用 paddlehub 加载的车牌识别模型对待检测车牌图片进行识别，最后打印车牌识别结果。

```
img_paths = ['test0.jpg', 'test1.jpg', 'test2.jpg']
for img_path in img_paths:
    display(Image(img_path))
    result = model.plate_recognition(img_path)
    print(result)
```

车牌识别结果如图 7-30 所示。

图 7-30　车牌识别结果

上述车牌识别任务的实现代码已在 AI Studio 平台公开，可以通过 https://aistudio.baidu.com/aistudio/projectdetail/2288661 查看该任务的实现代码。

家庭作业

识别发票金额

为提升民众的保障水平，西岐建立了发票报销制度，但每次将士们都要手动在报销单上填写票据的金额信息，请设计一个票据关键信息自动识别系统，自动提取发票金额。

扫描封底二维码，下载数据集，结合家庭作业参考答案，即可完成实践。

第8章 肉身成圣享太平，深度学习妙无穷

何为视频分类

周武王率领大军直逼商朝国都朝歌，只见他左手持黄色大斧，右手高擎一面用牛尾镶边的灭商伐纣大旗，威风凛凛地站在战车上。他历数纣王的暴行和罪状，遵循天命讨伐纣王。随着周武王一声令下，周军杀气腾腾地向朝歌发起进攻。殷商气数已尽，商军毫无斗志，纷纷倒戈，迎接为民除害的武王姬发。纣王见寡不敌众，大势已去，便逃入朝歌城中。眼见商朝末日到来，纣王自知已无力回天，点燃摘星楼自焚而亡。腐朽的殷商王朝终被推翻，周武王登基，改朝换代为西周王朝，四海至此升平。

哪吒帮助子牙灭商伐纣，功勋卓著，肉身成圣，随父兄一起回到陈塘关。这天，哪吒和金吒坐在海边聊天，金吒突然叹了口气，哪吒连忙问："如今天下太平，兄长还有何烦恼？"金吒点点头，说道："现下父亲、母亲年纪越来越大，又不肯和我们一起住，万一哪天摔倒或受伤，我们又不在身边，那可怎么办？"哪吒道："给家里装个监控器吧？"金吒回答："装了，但是我们也不能时时盯着监控器啊！若监控器能自动识别老人摔倒的动作，并及时通知我们就好了。"哪吒非常赞同，答道："是啊，要是有这样的监控器，即使我们出门在外，也不用时时担心父母了。”哪吒想了想又说道：“师父太乙真人曾跟我说，人工智能是一项非常深奥的学科。或许我们能自己去探索一下，看看能不能找到解决这个问题的方法。”金吒使劲点了点头，兄弟俩便开始认真地研究起来（见图 8-1）。

图 8-1 哪吒和金吒的烦恼

他们打开了百度 AI 开放平台，如图 8-2 所示。在界面中点击“视频技术”，选择“视频内容分析”，打开“功能介绍”和“功能演示”界面，如图 8-3 和图 8-4 所示。

图 8-2　百度 AI 开放平台

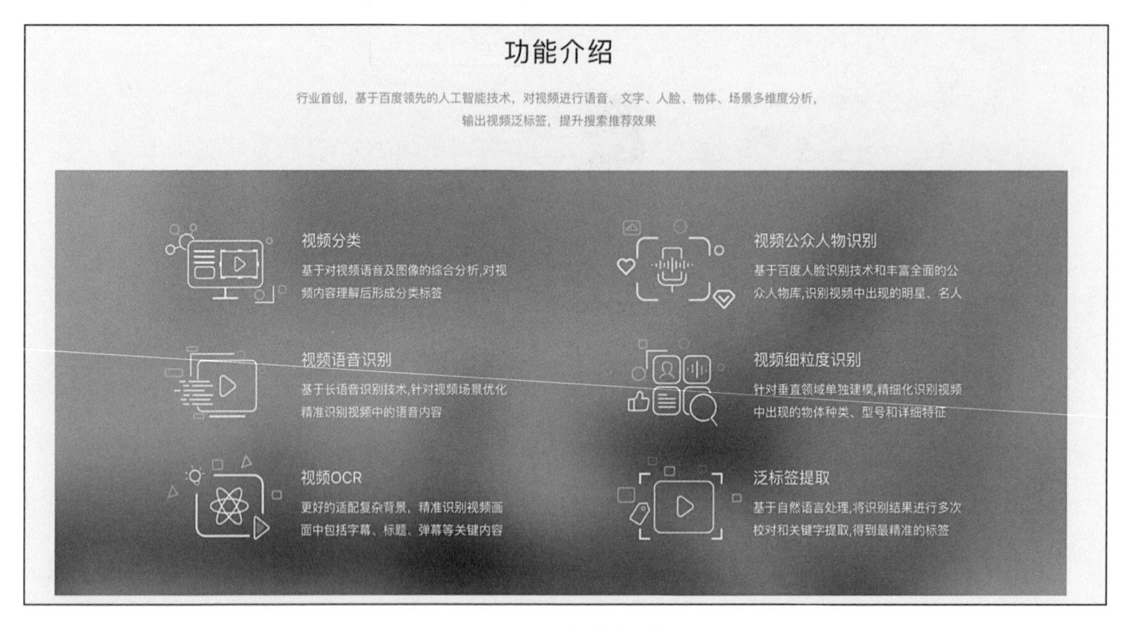

图 8-3　功能介绍

哪吒输入了一段视频，人工智能可以自动识别出视频场景。

图 8-4　功能演示

哪吒激动地拍手道："这不正是我们急需的功能吗！"金吒连连点头称是。那要如何才能炼成这一神奇本领呢？

揭开视频分类的神秘面纱

与单纯的文本、图像不同，视频是动态地按照时间排序的图像序列，简单来说，就是连续的图像。一段视频实际上是由连续的数百个图像组成的序列，其中每个图像称为该视频的一帧，图像帧之间存在关联关系。如图 8-5 所示，我们选取了舞蹈视频中的四帧图像来观察画面的变化。当几百个图像以每秒 24 帧以上的速度播放时，在人类视觉机制的作用下，原本静态的图像就能以动态视频的方式呈现出来。

视频中的人体行为识别是计算机通过对一系列视频图像进行视觉信息的处理和分析来实现的。简单来说，就是给定一段视频，通过智能分析得到该视频中人员的动作、行为。在移动互联网时代，我们的日常生活已经被大楼门禁、交通摄像头、银行安保摄像头等包围，无处不在的摄像头使每个人的行为都能被监控，因此视频中的人体识别在安防领域大有可为。除此以外，分析和理解视频中的人体行为在智能视频监控、自动驾驶、智能看护等领域有广阔的应用前景。

图 8-5　舞蹈视频中的四帧图像

网络视频检索与分析

手机、数码摄像机、平板电脑等便携视频设备可实现即拍即传，方便快捷，使得互联网上的视频数据以指数级速度增长。2015 年年底，Google 旗下的影像分享网站 YouTube 的视频上传量达到每分钟 500 小时。这些海量视频目前主要由上传者用文本进行标注，然而人工标注方式存在明显不足：不同的人对某段视频的理解和描述可能不同，甚至同一个人在不同的环境下对同一视频的描述也可能不同。人工标注信息的主观性导致视频分类结果准确度低，影响了视频检索结果的精确性。因此，引入智能行为识别系统对视频内容进行分析，自动调整视频标注信息，可以有效降低人的主观性对标注信息的不利影响，提升视频检索的精度。另外，行为识别系统还可以自动清除不适合在互联网上传播的不良视频。

智能监控视频分析

全球各地的室内及街头监控摄像头在监控、保障人身安全的同时，也不断产生着海量监控视频数据。2003 年以来，我国开展了大规模“城市视频监控与报警示范工程”建设，已建成的城市联网监控系统每天会产生海量的监控视频数据，单纯地依靠人工从这些海量视频中发现实时监控异常和可疑动作（比如“有人丢下了一个手提袋”或者“有人把钱包丢进了垃圾箱”等）变得极为困难：一是监控人员太多会导致人力成本过高，监控人员太少又无法及时发现人们的异常行为；二是当监控视频的工作人员注意力不集中时，无法及时发现危险行为并采取有效措施，从而危及公共安全。因此，使用异常行为识别系统来辅助或取代工作人员完成实时监控，可以缓解成本与有效监控之间的矛盾。

智能视频监护

近年来，我国人口老龄化程度越来越高，空巢老人的问题日益突出。如何更好地照顾和监护老人已成为社会广泛关注的问题。基于行为识别的智能监护系统可以对老年人的一些异常、高危动作（比如跌倒、摔伤等）进行无人监控，及时、准确地发出报警信号，以减少救治不及时等问题。智能监护系统还能实现对患者、儿童以及残疾人的实时监护，对保障人们的生命安全有着十分重要的意义。

利用深度学习方法，机器视觉完成图像识别任务的能力比人类视觉更强大，即与人眼相比，机器能从图像上获得更多信息。2016 年，机器视觉的图像识别错误率已经低至约 2.9%，远远优于人类（人类视觉的识别错误率为 5.1%）。计算机视觉技术的突飞猛进和深度学习的发展不仅拓宽了图像领域的应用，也给互联网视频内容带来了新的可能性。

与图像识别相比，视频分类任务中的视频比静态图像提供的信息更多，包括随时间演化的复杂运动信息等。视频中包含成百上千帧图像，但并不是所有图像都有用，处理这些图像帧需要做大量的计算。最简单的方法是将这些视频帧视为一张张静态图像，人工智能模拟人脑去处理每一帧图像中的特征，基于提取的特征对每一帧图像进行分类，然后对预测结果进行平均处理，得到该视频的最终结果。按照上述方法，视频分类仅涉及一个额外步骤，就是把视频中的每张图片都提取出来，然后按照图像分类的相同原理进行分类。然而，上述方法使用了不完整的视频信息，可能使分类器发生混乱。

视频分类模型介绍

在学术定义中，视频动作识别（Video Action Recognition，VAR）是指对视频序列中包含的人体动作进行时间维度和空间维度的检测与分类，需要解决视频中的动作"在哪里"和"是什么"两大核心问题。视频运动信息是行为分析、视频检索、人机交互、游戏和娱乐的核心特征，因此对视频中的人或物的运动模式进行定位和识别（在时间和空间上）是理解视频语义的关键环节。

一种最直接的方法是将视频进行截帧，视频中的某一帧图像通过神经网络获得一个识别结果。然而，一张图像对于整个视频来说只是很小的一部分，特别是当这帧图像不具有明显的区分度或该图像与视频主题无关时，则会降低视频分类的准确率。因此，此方法适用于相对静止的视频行为，比如看电视等，各个帧之间的差异不明显，一张图像可以代表视频的大部分信息。在运动性比较强的情况下，识别行为就需要结合一连串的动作。比如跳高，只用单帧图像很难做出区分，导致视频分类准确率降低。

视频可以分为空间元素和时间元素。其中，空间元素，即单张图片帧，包含视频中的场景及物体的信息；时间元素，即帧之间的运动，包含摄像机或视频中物体的运动信息。

我们将视频分类中同时输入图像和运动特征的网络叫作"双流"卷积神经网络，如图 8-6 所示。视频信息可以分为静态信息和动态信息两个方面，其中静态信息指每个图像帧中物体差异不大的区域，比如场景、周围建筑、花草等。对于这样的信息，我们只抽取某一帧图像来代表整个视频就能够取得不错的效果；动态信息是指视频中物体的运动信息，比如人物的奔跑，动态信息是视频行为识别任务中的重要部分。对于动态信息，可以使用光流直方图、轨迹等手工设计的特征来描述。在双流卷积神经网络中使用的是另一种更为高效的特征——光流灰度图。光流灰度图是由计算机自动学习出的一种物体运动特征。我们知道，光流是同一个像素点在相邻两帧图像之间的位移，具有大小和方向两个维度，所以在二维坐标系中光流有两个分量，分别代表水平和垂直方向的位移。计算机通过把所有的水平位移提取出来，将它们的值缩放至0 ～ 255之间，转化为前面学习过的图像灰度，就形成了一张灰度图像，它被称为水平方向上的光流灰度图。同理，可以得到垂直方向上的光流灰度图。两种光流灰度图可以作为时间流卷积神经网络的输入，提取视频中的运动特征。

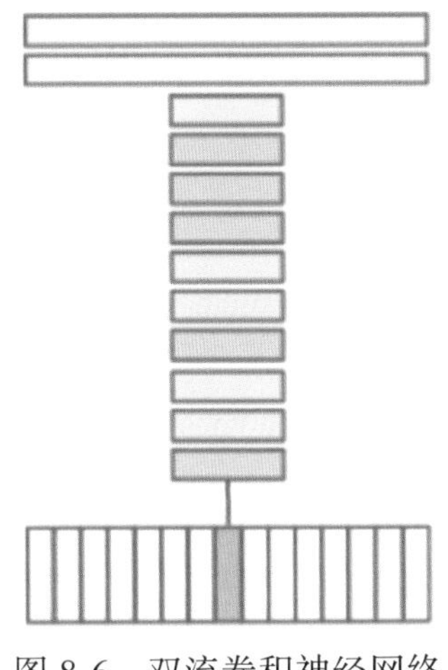

图 8-6　双流卷积神经网络

如图8-7所示，空间网络通道基于单个图片帧，从静态图片中进行动作识别。实际上，仅采用静态的图片帧序列进行动作识别就可以取得较好的效果。与空间网络模型不同，时间网络模型将连续帧之间的光流位移场（根据视频中的运动变化提取出的特征）序列作为网络输入，输入中包含帧之间的动作信息，无须网络去隐含地估计运动的信息，便于识别。

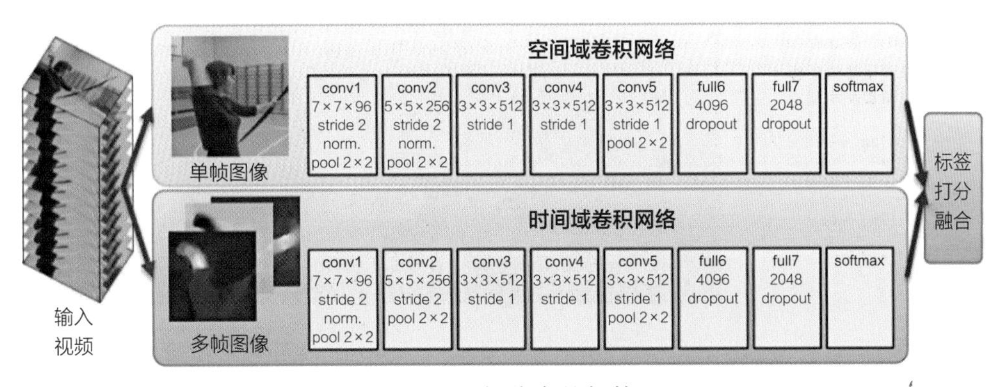

图 8-7　视频分类的架构

所以，在双流卷积神经网络中，空间流卷积神经网络负责处理单帧图像，时间流卷积神经网络负责处理多帧光流灰度图，由于它们是两个相对独立的卷积神经网络，因此会分别给出各自的处理结果，最后需要根据两个结果按类别取平均或取最大值的方法对其进行融合。

开启视频分类的实践之路

第一步 创建模型

这个阶段的主要任务是配置模型基本信息（包括名称等），并记录希望模型实现的功能。

1）打开 EasyDL 平台主页，网址为 https://ai.baidu.com/easydl/，如图 8-8 所示。点击【立即使用】按钮，显示如图 8-9 所示的【选择模型类型】界面，模型类型选择【视频分类】。进入操作台界面。

2）创建模型。点击操作台界面中的【创建模型】按钮，显示如图 8-10 所示的界面，填写模型名称为“视频动作分类”，模型归属选择“个人”，填写联系方式、功能描述等信息，点击【完成】按钮，完成模型的创建。

图 8-8　EasyDL 平台主页

图 8-9 选择模型类型

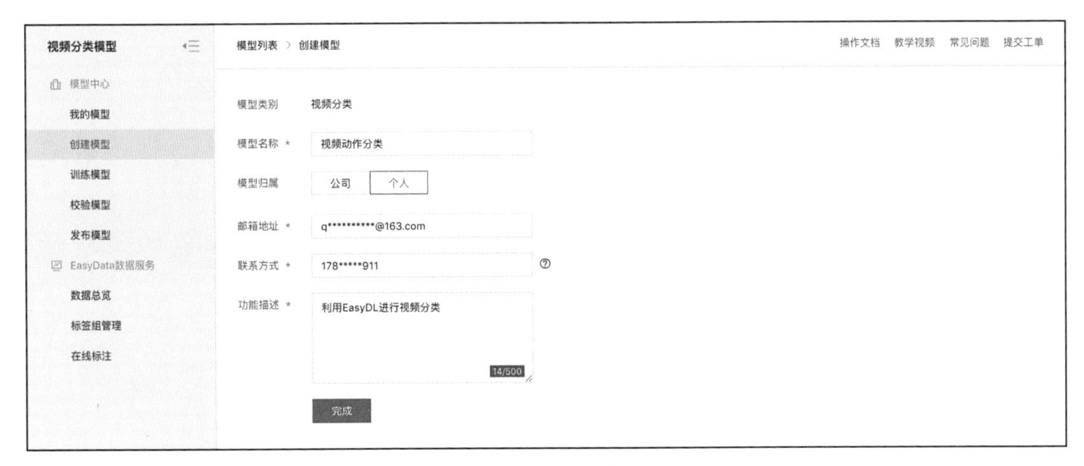

图 8-10 创建模型

3）模型创建成功后，可以在【我的模型】中看到刚刚创建的“视频动作分类”模型，如图 8-11 所示。

第二步 准备数据

这个阶段的主要工作根据视频分类的任务准备相应的数据集，并把数据集上传到平台，用来训练模型。

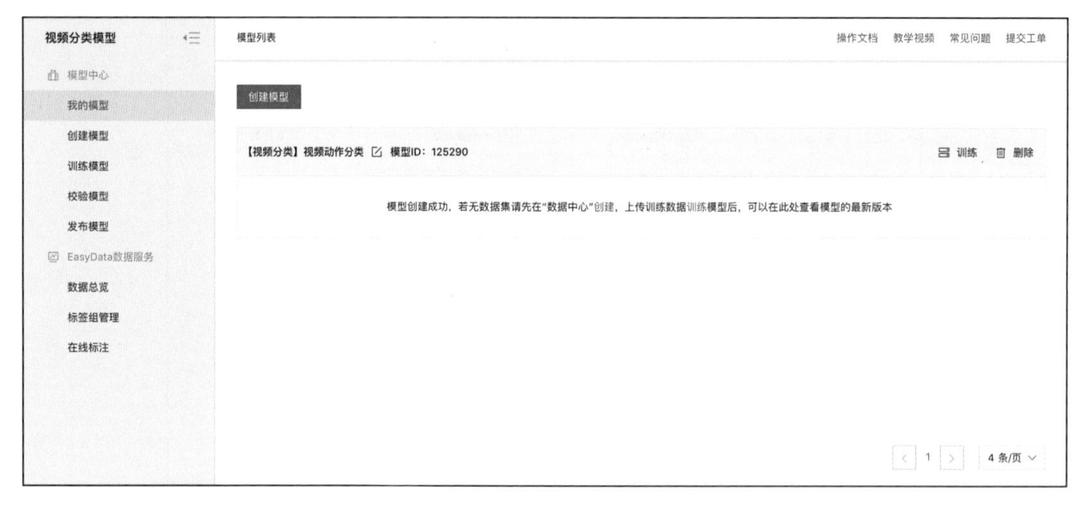

图 8-11　模型列表

（1）准备数据集

首先，准备用于训练模型的视频数据。对于视频分类任务，我们准备了两种类型的视频：摔倒、正常。

然后，将准备好的视频数据按照分类存放在不同的文件夹里，文件夹名称即为视频对应的标签（fall、normal）。此处要注意，视频类别名（即文件夹名称）需要采用字母、数字或下划线的格式，不支持中文命名。

最后，将所有文件夹压缩，命名为 movie_videos.zip，压缩包的结构示意图如图 8-12 所示。

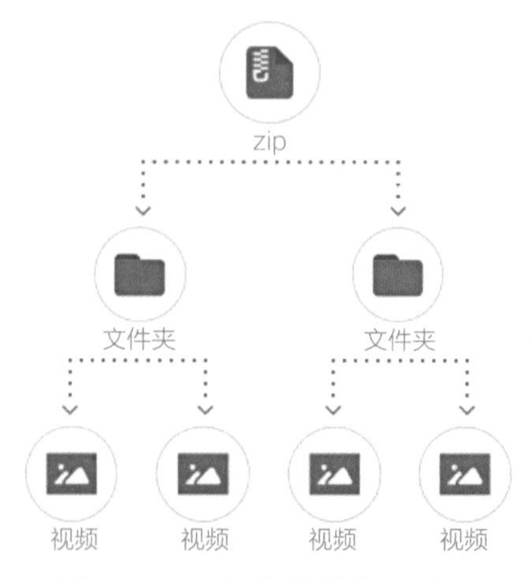

图 8-12　压缩包的结构示意图

（2）上传数据集

点击图 8-13 中的【创建数据集】按钮，进行数据集的创建。填写数据集名称，如图 8-14 所示。点击【完成】按钮，成功创建数据集。

图 8-13　创建数据集

图 8-14　填写数据集信息

可在【数据总览】中查看刚刚创建的数据集，如图 8-15 所示。点击【导入】按钮，进入数据导入界面，数据标注状态选择【有标注信息】，导入方式选择【本地导入】并上传压缩包 movie_videos.zip，如图 8-16 所示，点击【确认并返回】按钮，完成数据导入。

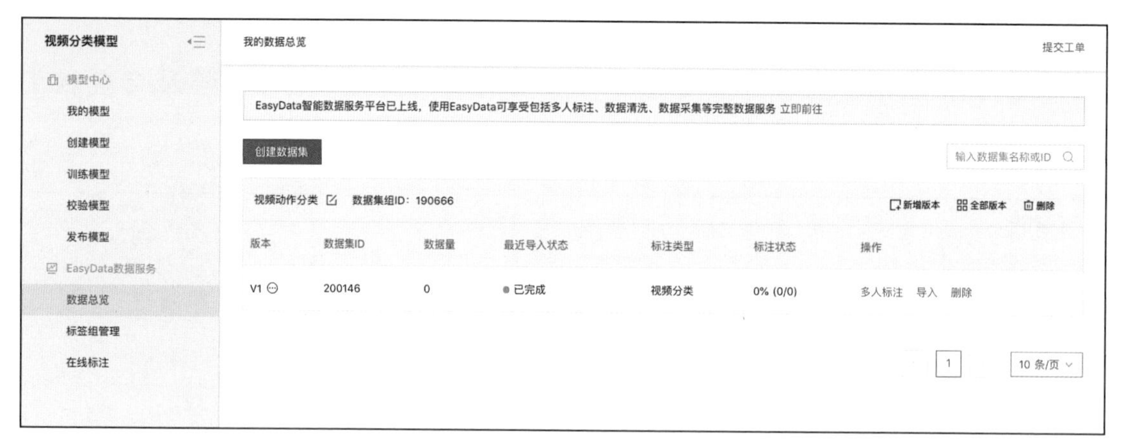

图 8-15　数据集列表

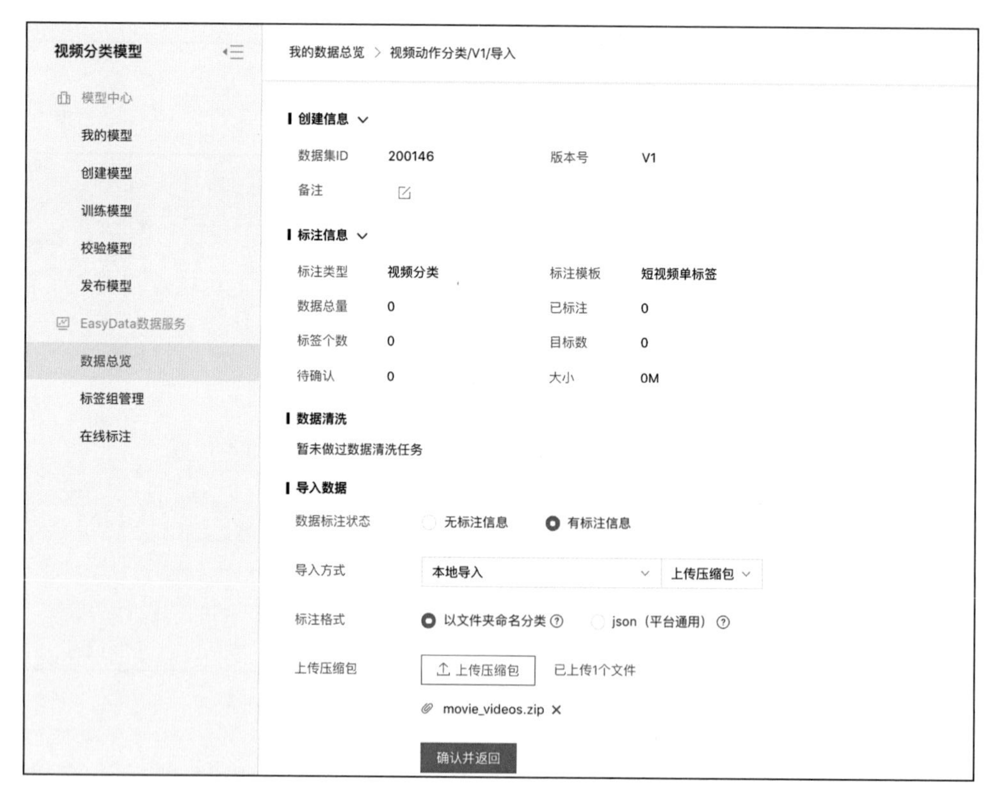

图 8-16　导入数据

（3）查看数据集

上传成功后，可以在【我的数据总览】中看到数据集的信息，如图 8-17

所示。数据集上传后，需要一段处理时间，大约几分钟后就可以看到数据集上传的结果，如图 8-18 所示。

点击【查看】，可以看到数据集的详细情况，如图 8-19 所示。

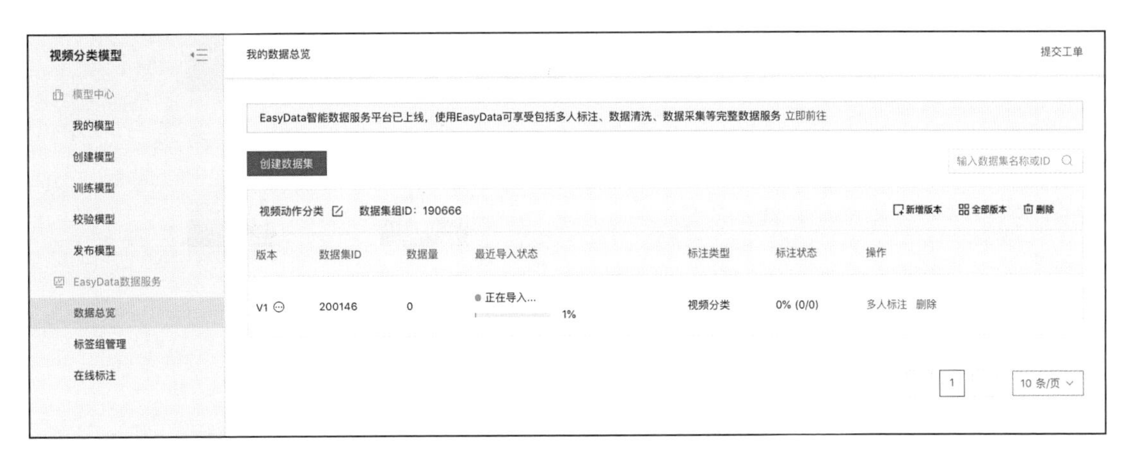

图 8-17　数据集展示

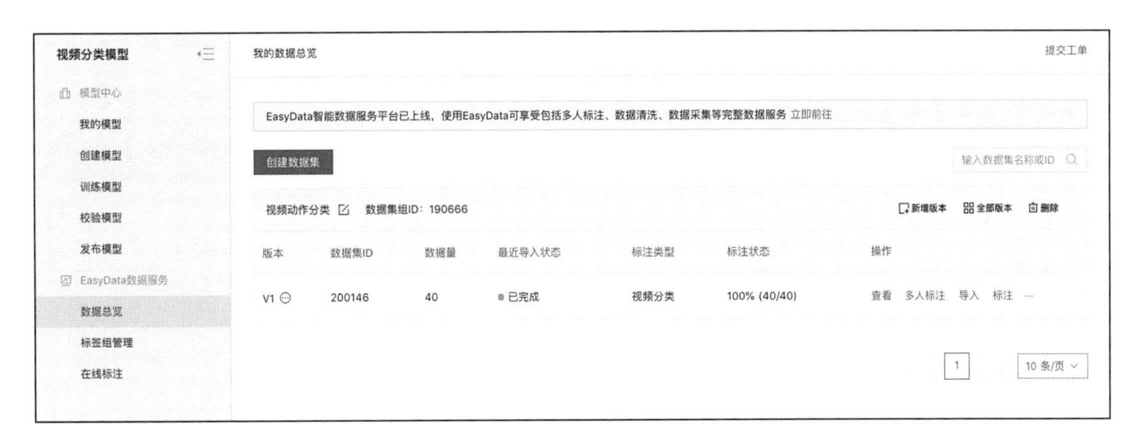

图 8-18　数据集上传结果

第三步　训练模型并校验结果

前两步已经创建好一个视频分类模型，并且创建了数据集，本步骤的主要任务是用上传的数据一键训练模型，并且在模型训练完成后，在线校验模型的效果。

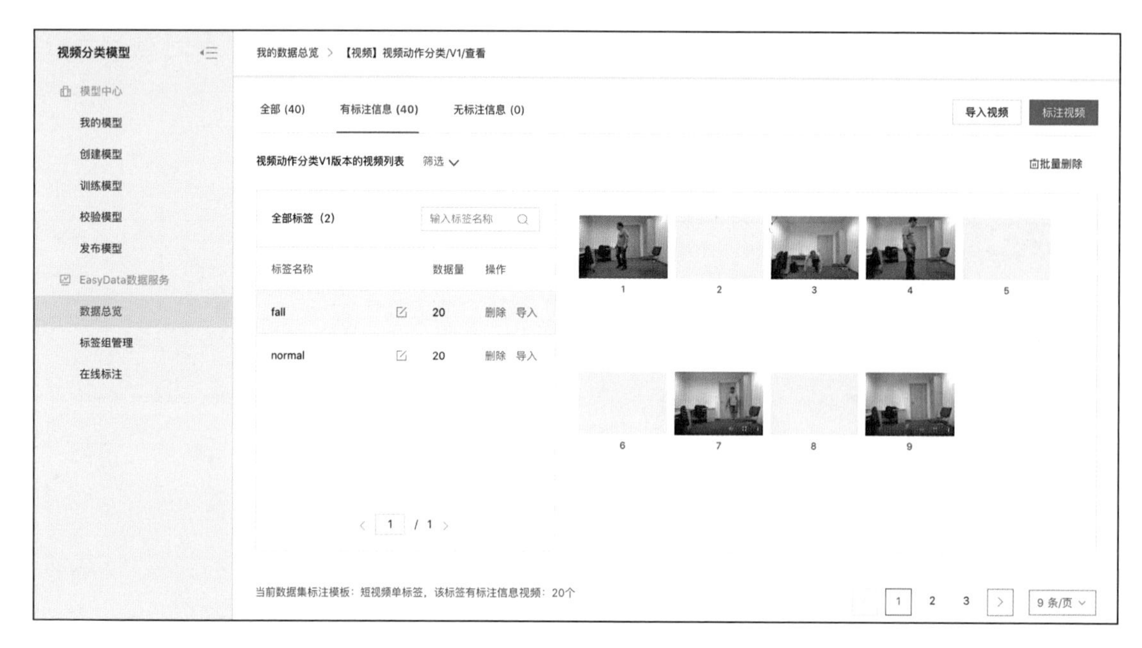

图 8-19 数据集详情

（1）训练模型

数据上传成功后，在【训练模型】中，选择之前创建的视频分类模型，添加分类数据集，如图 8-20、图 8-21 和图 8-22 所示。点击【开始训练】按钮，开始训练模型，训练时间与数据量有关。

视频分类模型

模型中心

我的模型

创建模型

训练模型

校验模型

发布模型

EasyData数据服务

数据总览

标签组管理

在线标注

训练模型

操作文档 教学视频 常见问题 提交工单

选择模型 视频动作分类

添加数据

添加训练数据 + 请选择 你已经选择1个数据集的2个分类 全部清空

数据集	版本	分类数量	操作
视频动作分类	V1	2	查看详情 清空分类

开始训练

图 8-20 准备训练

图 8-21　添加训练数据集

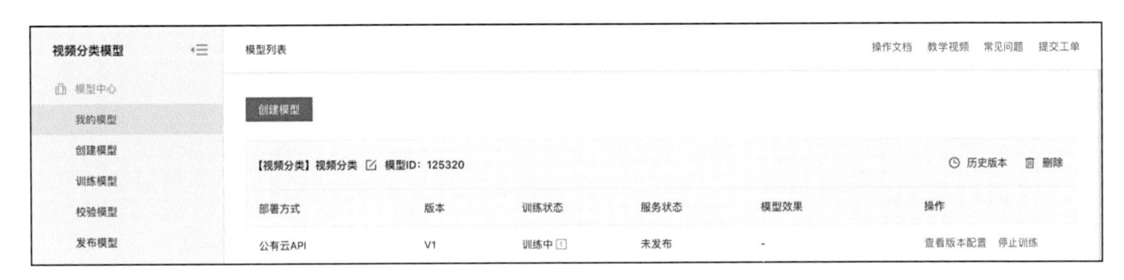

图 8-22　模型训练中

（2）查看模型效果

模型训练完成后，在【我的模型】列表中可以看到模型的效果，以及详细的模型评估报告。从图 8-23 和图 8-24 中，可以看到模型训练的整体情况说明。该模型的训练效果是比较优异的。

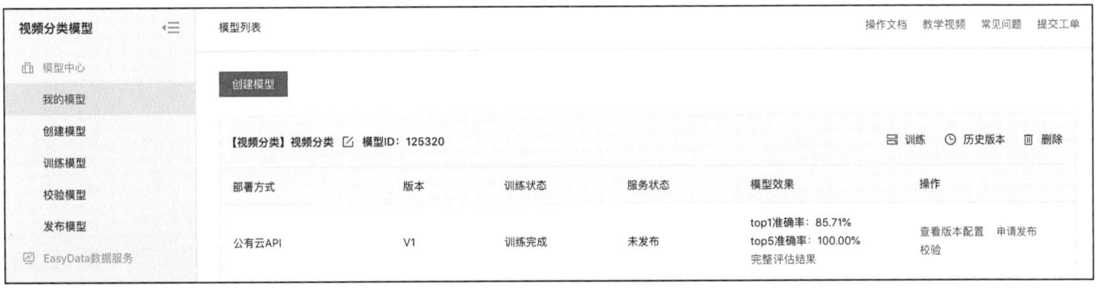

图 8-23　模型训练结果

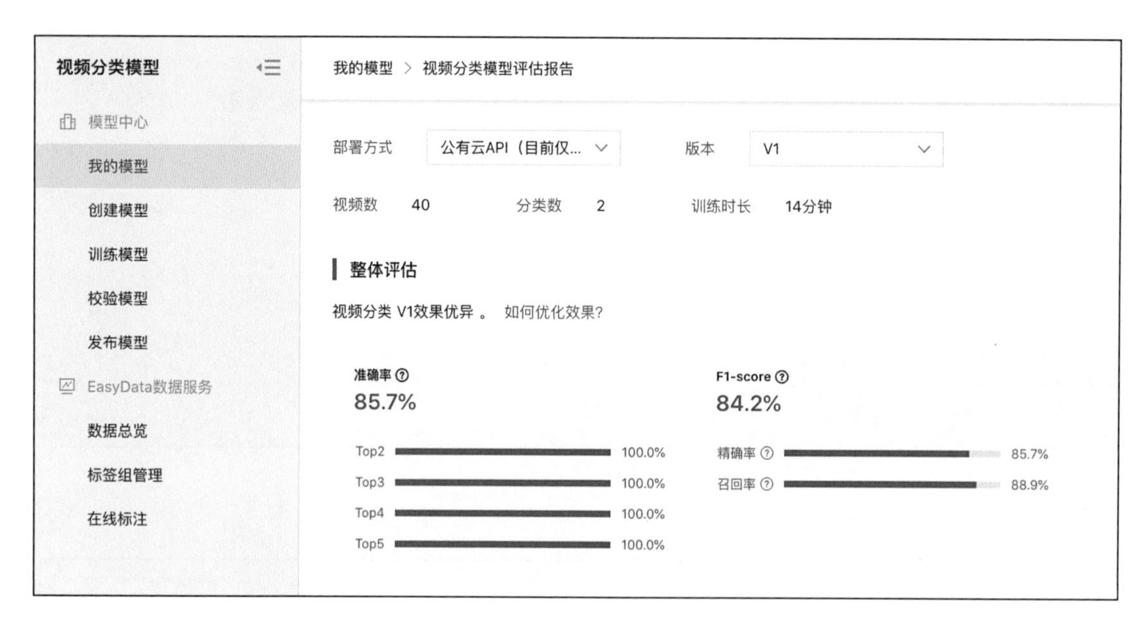

图 8-24　模型整体评估

（3）校验模型

我们可以在【校验模型】中对模型的效果进行校验。

首先，点击【启动模型校验服务】按钮，如图 8-25 所示，大约需要等待 5 分钟。

图 8-25　启动模型校验服务

然后，准备一条视频数据，点击【点击添加视频】，如图 8-26 所示。

最后，使用训练好的模型对上传视频进行预测，如图 8-27 所示，显示该视频属于 fall 类别。

图 8-26　添加视频

图 8-27　校验结果

哪吒长舒了一口气，道：“这下可以放心了，有了‘视频分类镜’，发现父母摔倒，系统会直接报警提示我们的！”金吒也开心地点了点头。

视频分类的进阶方法

木吒最近在组织村里的年终晚会，村民们踊跃报名。没过几天，报名参赛的节目视频就快存满木吒的电脑了。木吒头疼不已，百姓积极参与是好事，可筛选节目就太难了。“这么多视频，要是能自动分个类，我一类一类地筛选就方便多了！”木吒正在嘟囔的时候，哪吒走了过来。他拍了拍木吒的肩膀说：“二哥，这有何难，让我用 PaddleHub 来帮你完成视频分类任务吧！”

于是，哪吒在浏览器中输入 https://aistudio.baidu.com/aistudio/index，进入 AI Studio 平台，新建了一个 Notebook 项目。接下来，他便开始编写 Python 代码来实现视频分类。

第一步 安装 PaddleHub

首先，我们通过执行 pip install 命令来安装 PaddleHub 工具，如下面的代码所示，其中 -i 后面的参数指定了下载源。

```
!pip install paddlehub --upgrade -i https://pypi.tuna.tsinghua.edu.cn/simple
```

第二步 加载视频分类模型

接下来，就可以使用 PaddleHub 来下载一个视频分类的模型了。如下面的代码所示，第 1 行代码用于导入 paddlehub 库，并将其命名为 hub，导入 paddlehub 库之后便可以使用 paddlehub 库中的方法和模型了；第 2 行代码通过 paddlehub 库下载了一个视频分类模型。

```
import paddlehub as hub
videotag = hub.Module(name="videotag_tsn_lstm") # 加载一个视频分类模型
```

第三步 预测视频结果

加载了视频分类模型后，接下来就可以使用加载后的模型进行视频场景识别了。其中，videotag.classify() 为模型的预测方法。该方法有 4 个参数，paths 表示要预测的视频文件的路径；use_gpu=True 表示选择使用 GPU 进行预测，否则使用 CPU 进行预测；threshold 设置了预测结果的阈值，此处设置为 0.5，表示只有当预测概率大于 0.5 时才返回；top_k=10 表示返回前 10 个预测结果。

```
results = videotag.classify(
        paths=["./1.mp4","./2.mp4","./3.mp4","./4.mp4","./5.mp4"],
        use_gpu=True,            # 是否使用 GPU 预测，默认是 False
        threshold=0.5,           # 预测结果阈值，只有预测概率大于阈值的类别会被返回，
        top_k=10)                # 返回前 k 个预测结果，默认为 10
```

最后，打印每个待预测视频文件的预测结果，预测结果如图 8-28 所示。

```
for result in results:
    print(result)
```

```
{'path': './1.mp4', 'prediction': {'训练': 0.9771281480789185, '蹲': 0.9389840960502625, '杠铃': 0.8554489612579346, '健身房': 0.8479971885681152}}
{'path': './2.mp4', 'prediction': {'舞蹈': 0.8504238724708557}}
{'path': './3.mp4', 'prediction': {'游泳': 0.9023181200027466}}
{'path': './4.mp4', 'prediction': {'餐饮': 0.9460116624832153, '烹饪': 0.9161356687545776, '烧烤': 0.902895987033844, '烧烤架': 0.8643324971199036, '肉': 0.5471581220626831}}
```

图 8-28　预测结果

从图 8-28 中可以看到，1.mp4 的视频场景为“训练”“蹲”“杠铃”“健身房”的概率分别为 0.97、0.93、0.85、0.84，因此可以认为 1.mp4 视频中的场景为“训练”。同时，可以看到所有预测结果的概率值均大于 0.5。

上述视频检测任务的实现代码已在 AI Studio 平台公开，可以通过 https://aistudio.baidu.com/aistudio/projectdetail/2288808 查看该任务的实现代码。

家庭作业

识别足球视频

哪吒喜欢踢足球，但每次在海量视频库中寻找足球类视频都很麻烦。请设计一套足球视频自动识别系统，能自动给哪吒推荐足球视频。

扫描封底二维码，下载数据集，结合家庭作业参考答案，即可完成实践。

结束语

哪吒怀着一颗充满求知欲的赤子之心不断战斗、前行，从一个懵懂无知的少年，最终成长为深受百姓爱戴、满身本领的大英雄。他利用**图像分类**技术平息与敖丙之间的纷争，守护陈塘关一方安宁；利用**情感分析**技术展现民众的肺腑之言，洗刷蒙受的不白之冤；利用**目标检测**技术拨开敌人布置的种种迷雾，巧妙营救黄飞虎；利用**声音分类**技术破解“呼名落马术”，为灭商伐纣立下汗马功劳；利用**文本相似**技术严查抄袭作弊之事，树立公平公正征兵之风；利用**文字识别**技术快速识别落荒穷寇，使吕岳贼人束手就擒；利用**视频分类**技术识别视频人物动作，24 小时看护家中老人。

你打算用学到的 AI 技术做些什么呢？

憧憬人工智能的未来

智能化高速发展后，是否会给传统产业带来影响？自动驾驶普及后，公交车司机、出租车司机是否会失业？自动翻译发展成熟后，做翻译的小哥哥、小姐姐会不会失业呢？

当然不会！人工智能并非无所不能！事实上，基因决定了一个人的情感。机器人不是基因传承的结果，只是电子间的运算。机器人不会有情感，它只能在某个领域替代人类，给我们带来生活上的便利。而且，人工智能带来了新工作：AI 训练师，就像哪吒收服并训练风火轮使风火轮听他的指挥！

人工智能的飞速发展将会极大地提升日常生活、工作和学习效率，AI 的思考速度比人类快很多，并能取代大部分简单、重复的人力劳动。各种服务性质的机器人，比如扫地机器人、机器人管家等都很大幅度地减轻了我们的生活负担。所以未来人工智能一定会成为我们生活中不可缺少的部分！

检测关内是否有妖族混入

为保障陈塘关村民的生命安全，需要设计一套人工智能系统，用于识别照片中哪些是人，哪些是妖，以防有妖族混入陈塘关。

·做一做：使用图像分类完成人物分类

实验过程如下。

第一步 创建模型

1）点击主页中的【立即使用】，显示如图 A-1 所示的【选择模型类型】选择框，选择模型类型为【图像分类】，点击【进入操作台】。

2）如图 A-2 所示，在【创建模型】中，填写模型名称、联系方式、功能描述等信息，即可创建模型。

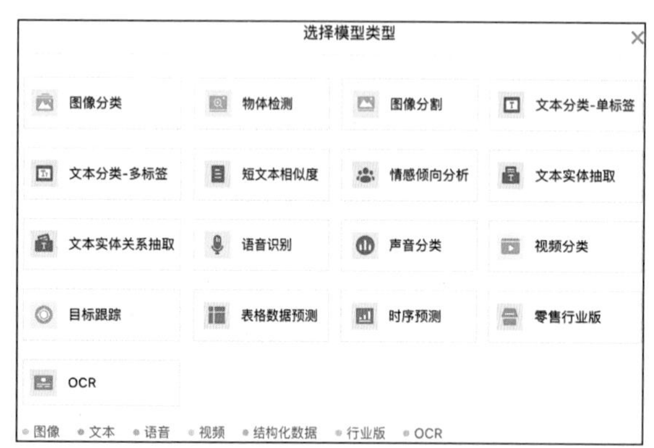

图 A-1 选择模型类型

图 A-2 完善模型信息

3）模型创建成功后，可以在【我的模型】中看到刚刚创建的模型“妖怪识别”，如图 A-3 所示。

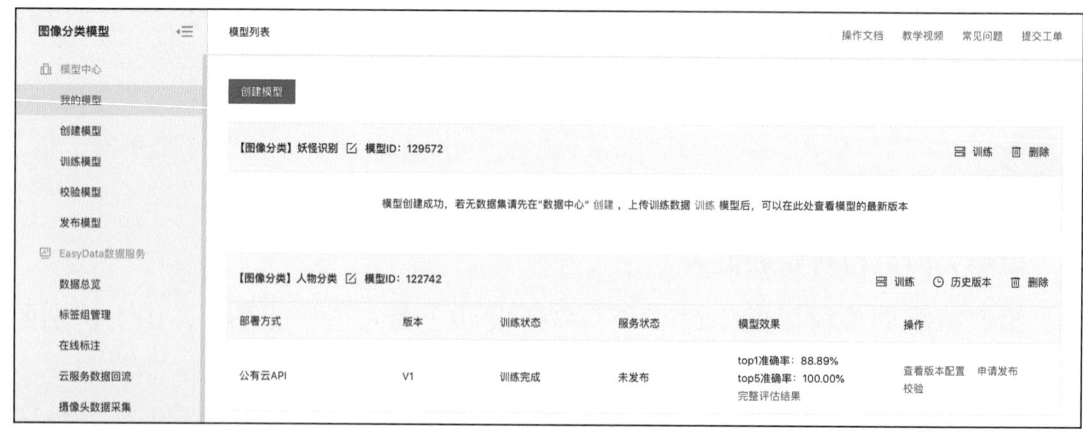

图 A-3 模型列表

第二步　上传并标注数据

对于人物分类的任务，这个阶段的主要任务是按照分类（如 mother、father、son）上传图片。

1）人物分类任务：我们准备了两种类别（cunmin、yaoguai）的人物图片。之后，需要将准备好的人物图片按照分类存放在不同的文件夹里，同时将所有文件夹压缩为 .zip 格式，压缩包的结构示意图如图 A-4 所示。

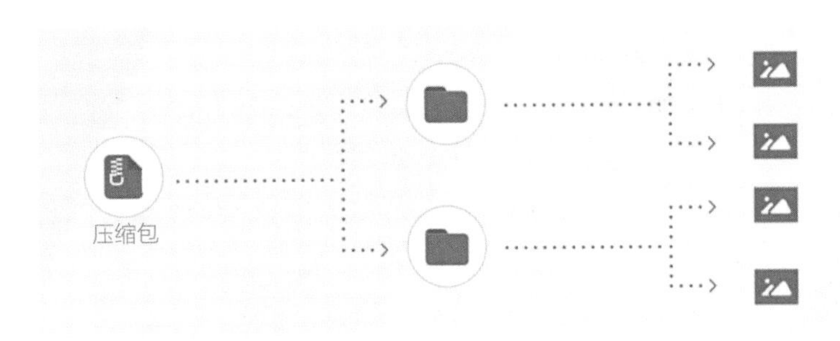

图 A-4　压缩包的结构示意图

2）创建“妖怪分类”数据集：点击【数据总览】→【创建数据集】，如图 A-5 所示，创建“妖怪分类”数据集，并在图 A-6 所示的界面中上传 pic.zip 压缩包。

图 A-5　创建数据集

3）上传成功后，就可以看到数据的信息了，共有 2 个类别，如图 A-7 所示。

图 A-6 上传压缩包

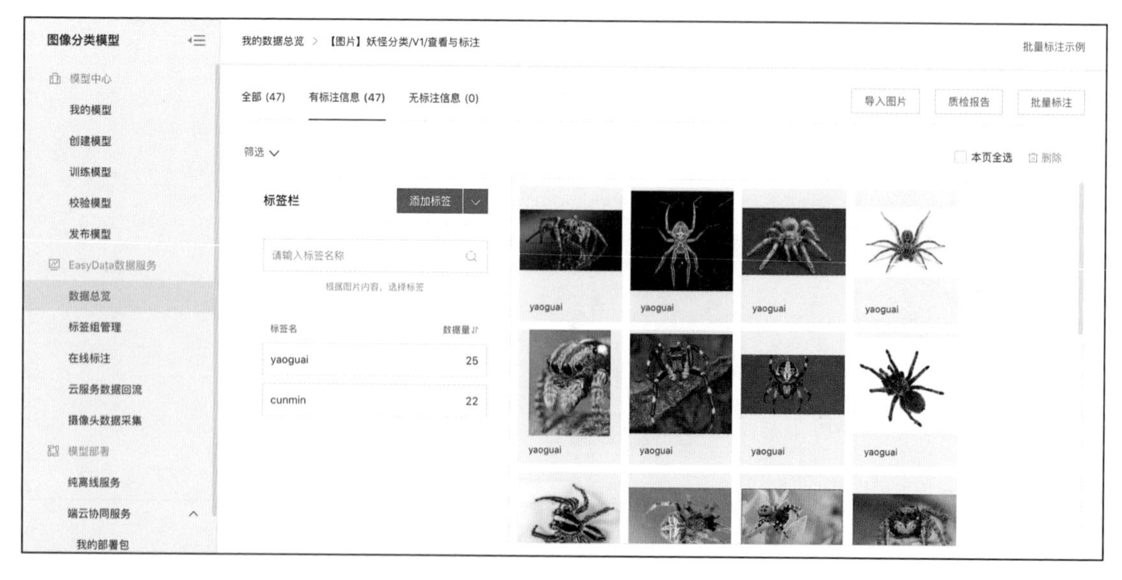

图 A-7 数据集展示

第三步 训练模型并校验结果

前两步已经创建好一个图像分类模型，并且创建了数据集，本步骤的主要任务是用上传的数据一键训练模型。并且在模型训练完成后，在线校验模型效果。

1）训练模型：如图 A-8 所示，在数据上传成功后，在【训练模型】中，选择之前创建的妖怪分类模型，添加数据集，开始训练模型。训练时间与数据量有关，在训练过程中，可以设置训练完成的短信提醒并离开页面。

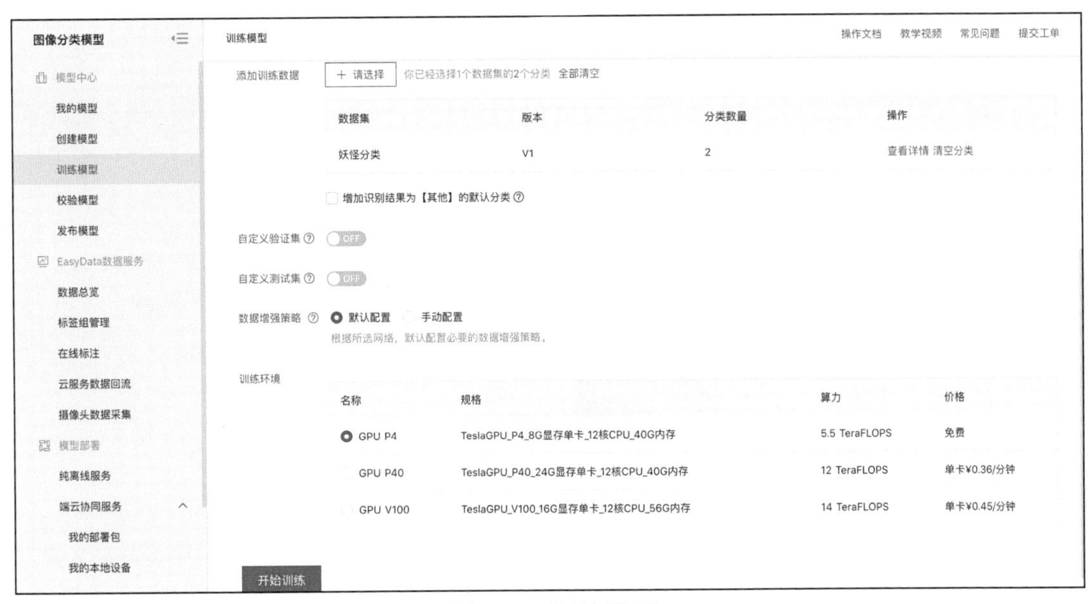

图 A-8 训练模型

2）查看模型效果：模型训练完成后，在【我的模型】列表中可以看到模型效果，以及详细的模型评估报告。如图 A-9 所示，从模型训练整体的情况说明可以看到，该模型的训练效果还是比较优异的。

3）校验模型：在【校验模型】中，对模型的效果进行校验。我们上传了两张要预测的目标照片，使用训练好的模型进行预测。训练结果如图 A-10、图 A-11 所示。

图 A-10 中显示图片真实类别为村民，预测为 cunmin 的置信度为 99.84%，预测正确。

图 A-11 中显示图片真实类别为妖怪，预测为 yaoguai 的置信度为 99.99%，预测正确。

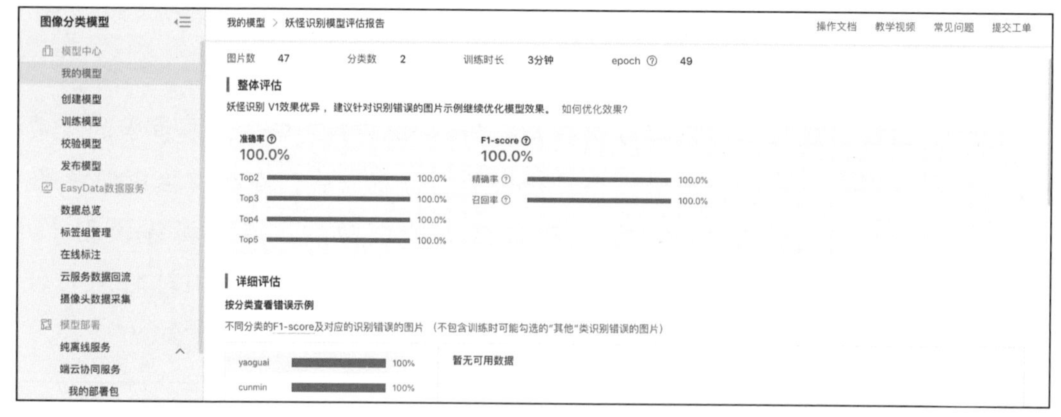

图 A-9 模型整体评估

图 A-10 cunmin 图片预测

图 A-11 yaoguai 图片预测

判断哪家酒店的风评更好

哪吒要过生日了，殷夫人想带哪吒出去游玩，但对于她想预定的客栈，有些人的评论说好，有些人的评论说不好。你能帮殷夫人通过客栈的评论数据，判断一下这个客栈是否该预订吗？

·做一做：使用文本分类完成情感分析

实验过程如下。

第一步　创建模型

1）点击主页中的【立即使用】按钮，显示如图 A-12 所示的【选择模型类型】选择框，选择模型类型为【情感倾向分析】，点击【进入操作台】。

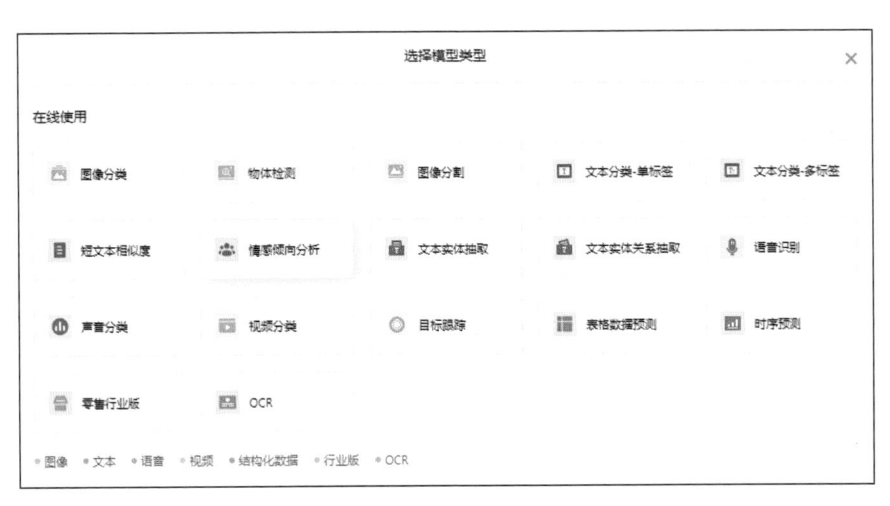

图 A-12　选择模型类型

2）如图 A-13 所示，在【创建模型】中，填写模型名称、联系方式、功能描述等信息，即可创建模型。

图 A-13　完善模型信息

3）模型创建成功后，可以在【我的模型】中看到刚刚创建的模型“客栈评论情感分类”，如图 A-14 所示。

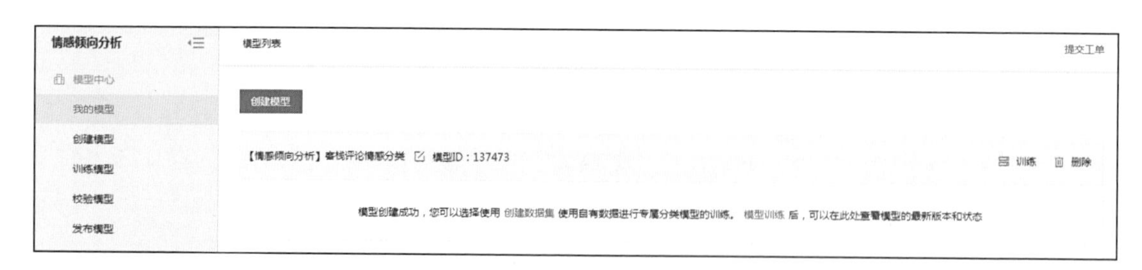

图 A-14　模型列表

第二步　上传并标注数据

这个阶段的主要任务是按照分类上传文本数据。

1）对于文本分类任务，我们准备了两种情绪的文本数据，包括正向情绪和负向情绪。之后，需要将准备好的文本数据按照分类压缩为 positive.zip 和 negative.zip 文件，压缩包的结构示意图如图 A-15 所示。

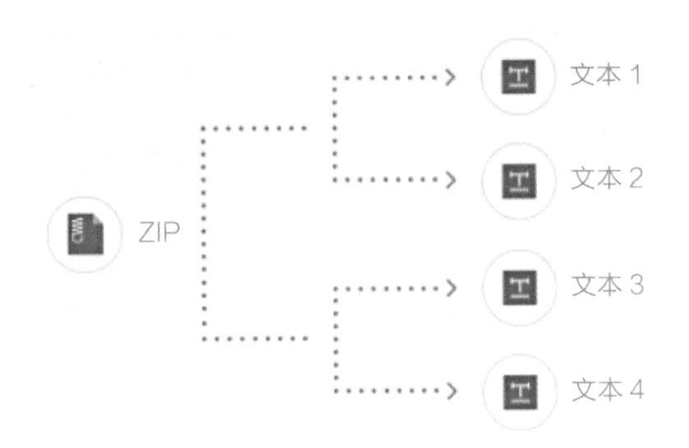

图 A-15　压缩包的结构示意图

2）创建客栈评论分类数据集：点击【数据总览】→【创建数据集】，如图 A-16 所示，创建“客栈评论分类数据”数据集，并在如图 A-17 所示的页面中上传压缩包。

图 A-16　创建数据集

3）上传成功后，就可以看到数据的信息了，共有 2 个类别（positive、negative），还可以看到每一类数据的数量，如图 A-18 所示。

图 A-17 上传压缩包

情感倾向分析
我的数据总览 > 【文本】客栈评论数据/V1/查看
模型中心
我的模型
创建模型
训练模型
校验模型
发布模型
EasyData数据服务
数据总览
在线标注
模型部署
公有云服务
EasyEdge 纯离线服务
AI市场
我的已购模型
售卖模型

全部 (200) 有标注信息 (200) 无标注信息 (0) 导入文本 标注文本

客栈评论数据V1版本的文本列表 筛选 批量删除

全部标签（2）

标签名称	数据量	操作
negative	100	清空
positive	100	清空

< 1 / 1 >

序号	文本内容摘要	操作
1	太糟,根本达不到5星标准,房间旧装修很久的了,桌子都是坏的,唯一的是宾馆里的环境...	查看 删除
2	位置太偏，再一个很深的胡同里，很难找到。而且，结帐时电脑出故障，前台漫不...	查看 删除
3	第一次通过携程入住这个酒店公寓，酒店前台服务态度极端蛮横无礼。我是9月30日...	查看 删除
4	以前我们的客人入住该酒店，一直对酒店印象不错，但是这次	查看 删除
5	住了特价的房间，实在是糟的没法说了，房间小得完全出乎意料，像个剩余的角落...	查看 删除
6	07年曾经住过一次，感觉还可以。这次感觉不好，被子、床单太、太、太旧了，早...	查看 删除
7	这次入住和上次相比,感觉差很多啊...卫生间马桶一直漏水,早上打扫房间服务员简直...	查看 删除
8	太糟了，空调的噪音很大，设施也不齐全，携程怎么会选择这样的合作伙伴	查看 删除
9	如果你住习惯了五星酒店的话，最好不要住这家了，价格五星，价值顶多四星，太...	查看 删除
10	办入住的时候，说没有收到携程的预定，但还是给了携程的价格。问了早餐的事情...	查看 删除

图 A-18 数据集展示

第三步 训练模型并校验结果

前两步已经创建好一个文本分类模型，并且创建了数据集，本步骤的主要任务是用上传的数据一键训练模型。并且在模型训练完成后，在线校验模型效果。

1）训练模型：如图 A-19 所示，在数据上传成功后，在【训练模型】中，选择之前创建的情绪分类模型，添加数据集，开始训练模型。训练时间与数据量有关。

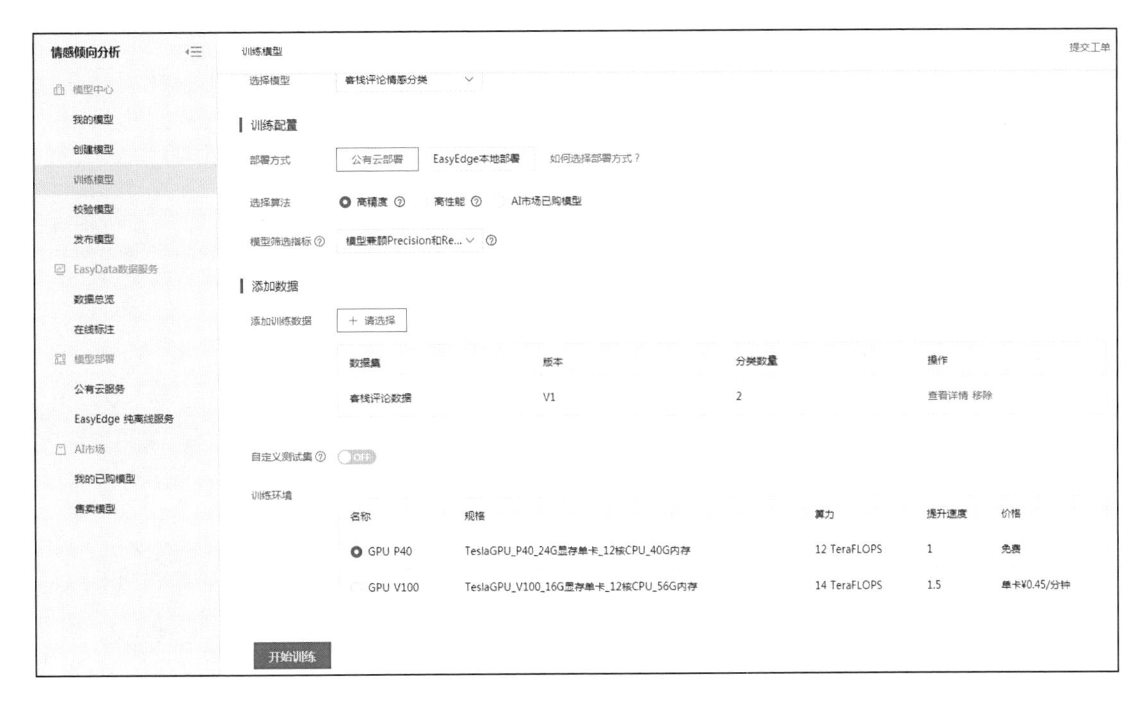

图 A-19 模型训练

2）查看模型效果：模型训练完成后，在【我的模型】列表中可以看到模型效果，以及详细的模型评估报告。如图 A-20 所示，从模型训练整体的情况说明可以看到，该模型的训练效果还是比较优异的。

3）校验模型：在【校验模型】中，对模型的效果进行校验。如图 A-21 所示，我们上传了一条文本数据，预测结果是积极的评价。

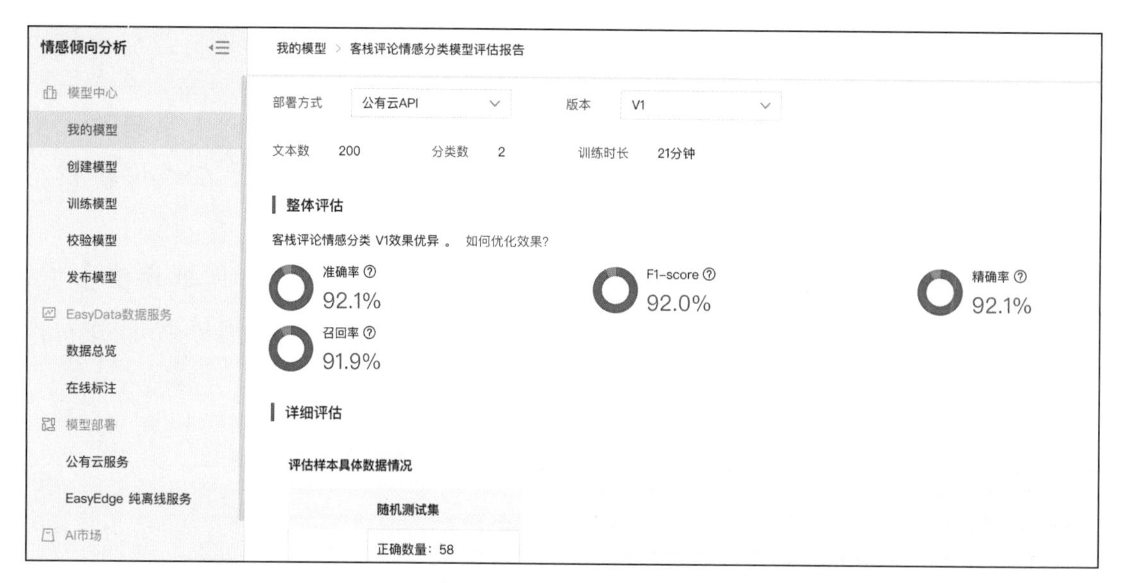

图 A-20 模型整体评估

图 A-21 预测结果

帮助士兵识别各类毒草、药草

陈塘关总兵李靖常年征战沙场，风餐露宿、食不果腹，将士们只能以野花、野草充饥。但由于将士们无法肉眼分辨植物，经常因误食毒花、毒草而中毒，轻则头晕目眩，重则性命难保。请你设计一个人工智能模型，帮助李靖和将士们识别野外什么位置出现了什么样的植物，该植物是否是有毒，以防止士兵误食，并可在士兵误食时及时进行救治。

· **做一做：使用物体检测完成药草识别。**

实验过程如下。

第一步 创建模型

1）点击主页中的【立即使用】按钮，显示如图 A-22 所示的【选择模型类型】选择框，选择模型类型为【物体检测】，点击【进入操作台】。

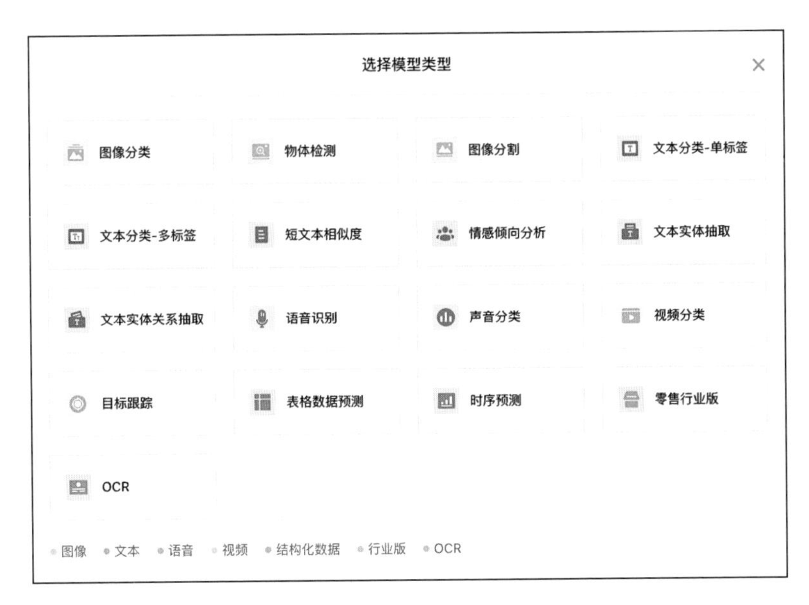

图 A-22 选择模型类型

2）如图 A-23 所示，在【创建模型】中，填写模型名称、联系方式、功能描述等信息，即可创建模型。

3）模型创建成功后，可以在【我的模型】中看到刚刚创建的模型“药草毒草识别”，如图 A-24 所示。

图 A-23　完善模型信息

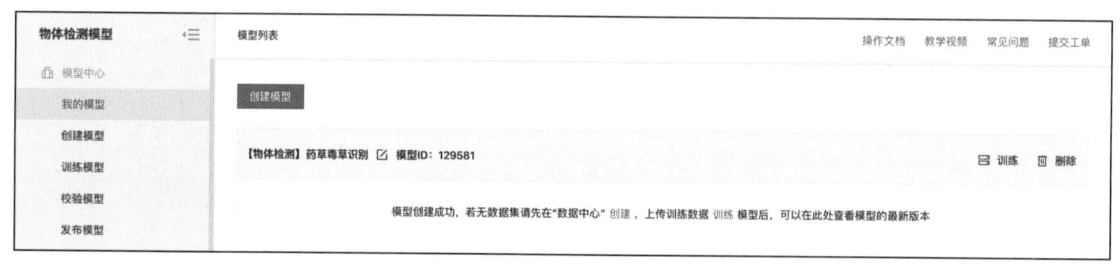

图 A-24　模型列表

第二步　上传并标注数据

这个阶段的主要任务是上传数据并进行图标标注。

1）准备用于训练模型的图像数据，对于药草毒草分类的任务，我们准备了多张包含药草的照片。图片类型支持 png、bmp、jpeg 格式。之后，需要将准备好的图片存放在文件夹里，同时将文件夹压缩为 .zip 格式。压缩包的结构示意图如图 A-25 所示。

图 A-25　压缩包的结构示意图

2）创建药草毒草分类数据集：点击【数据总览】→【创建数据集】，如图 A-26 所示，创建分类数据集，并在如图 A-27 所示的界面中上传压缩包。

图 A-26　创建数据集

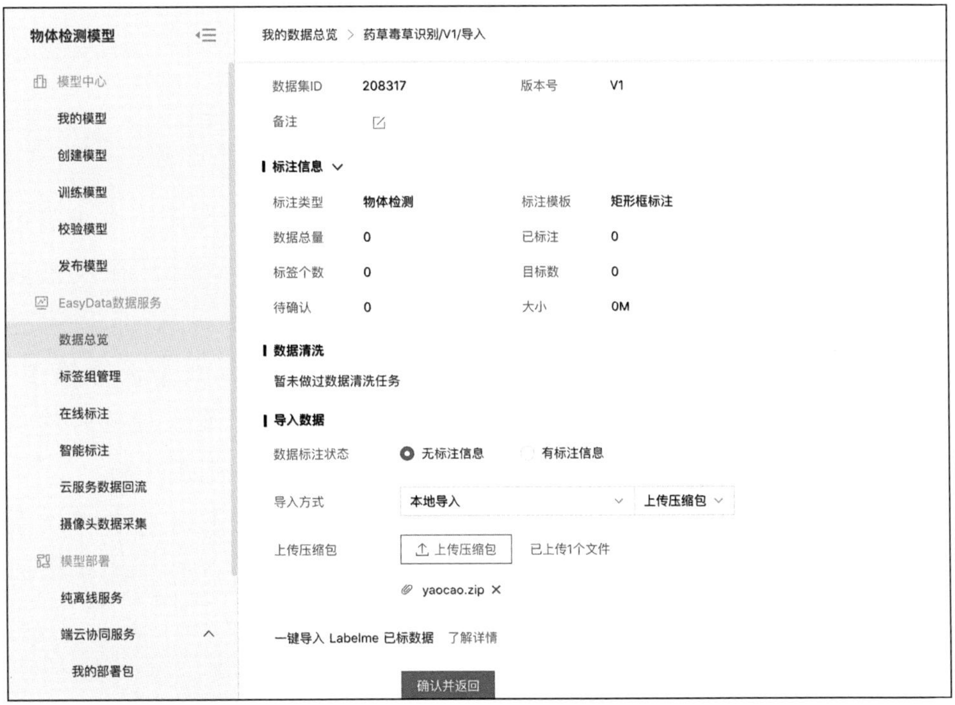

图 A-27　上传压缩包

3）上传成功后，需要对数据集进行标注，如图 A-28 所示。

图 A-28　数据集标注

第三步　训练模型并校验结果

前两步已经创建好一个物体检测模型，并且创建了数据集，本步骤的主要任务是用上传的数据一键训练模型，并且在模型训练完成后，在线校验模型效果。

1）训练模型：如图 A-29 所示，在数据上传成功后，在【训练模型】中，选择之前创建的物体检测模型，添加数据集，开始训练模型。训练时间与数据量有关，在训练过程中，可以设置训练完成的短信提醒并离开页面。

2）查看模型效果：模型训练完成后，在【我的模型】列表中可以看到模型效果，以及详细的模型评估报告。如图 A-30 所示，从模型训练整体的情况说明可以看到，该模型的训练效果还是比较优异的。

图 A-29　模型训练

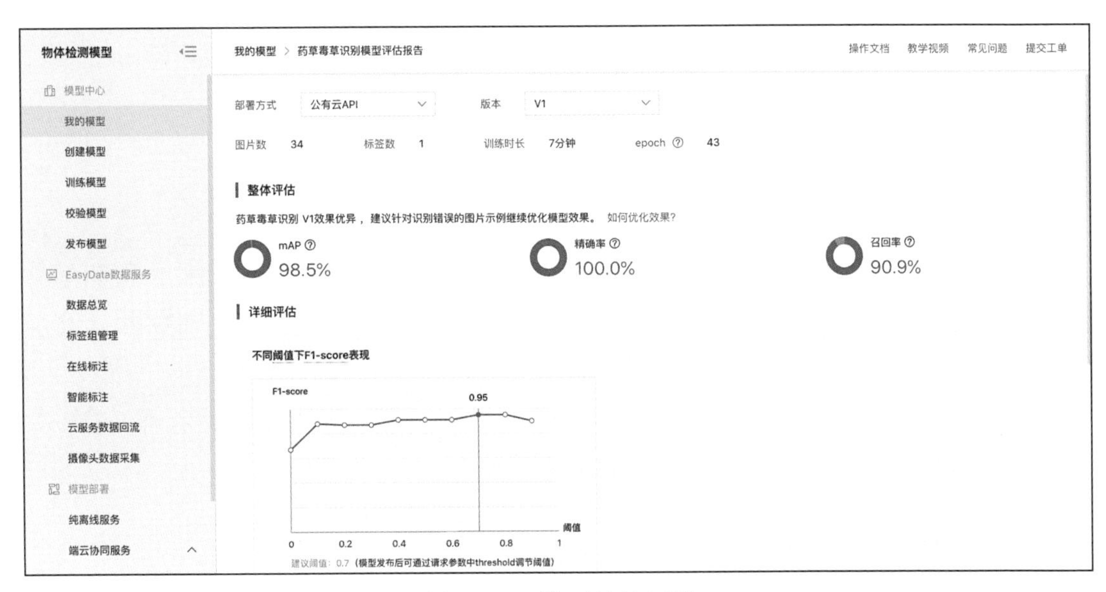

图 A-30　模型整体评估

3）校验模型：在【校验模型】中，对模型的效果进行校验。我们上传了一张要预测的图片，使用训练好的模型进行预测。可以调整阈值，如图 A-31 所示，结果显示为药草。

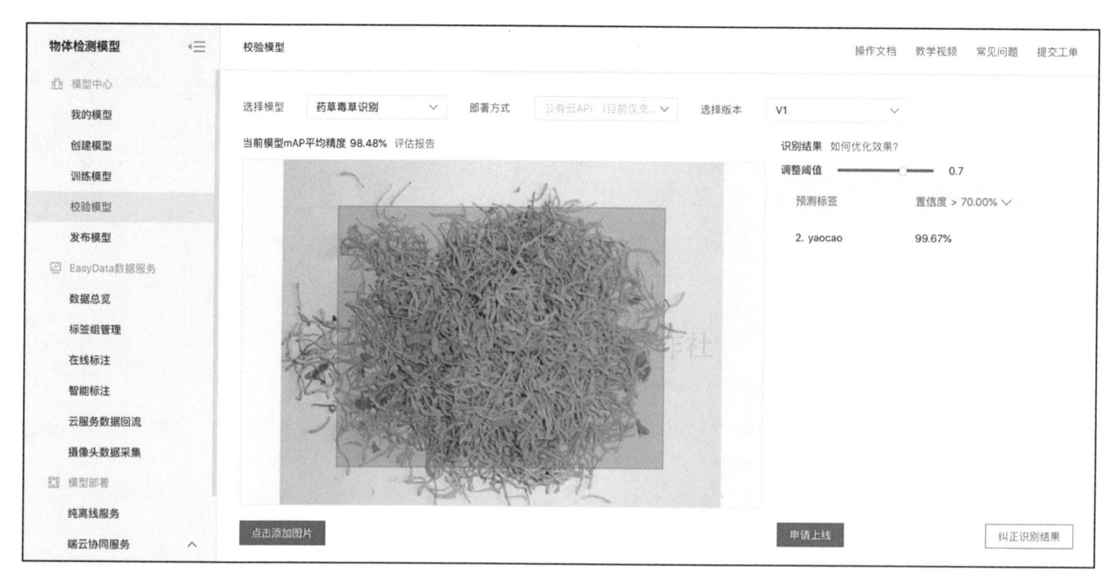

图 A-31　模型校验

识别城市声音

西岐的居民越来越多，为保障生活安全，需要识别小孩子玩闹、狗叫等声音，以便在发出异响时及时报警。请你设计一个声音分类器，识别这些声音并对它们进行分类。

· 做一做：使用声音分类技术识别城市声音

实验过程如下。

第一步　创建模型

1）点击主页中的【立即使用】按钮，如图 A-32 所示，选择模型类型为【声音分类】，点击【进入操作台】。

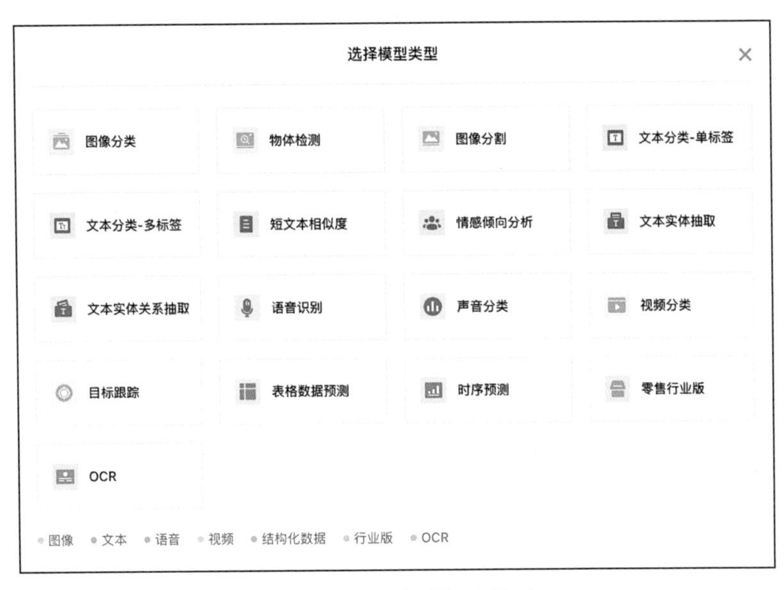

图 A-32　选择模型类型

2）如图 A-33 所示，在【创建模型】中，填写模型名称、联系方式、功能描述等信息，即可创建模型。

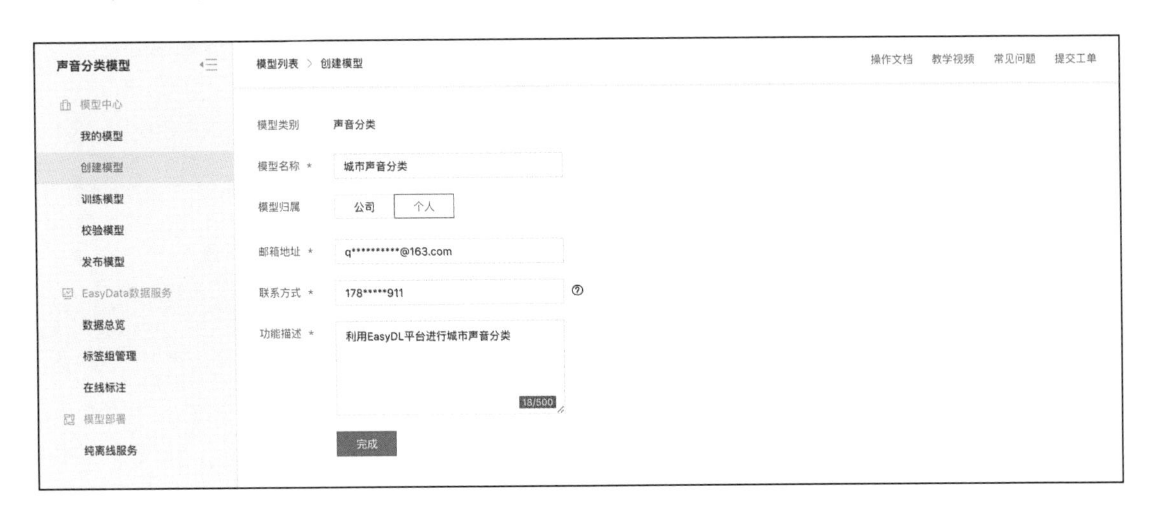

图 A-33　完善模型信息

3）模型创建成功后，可以在【我的模型】中看到刚刚创建的模型“城市声音分类”，如图 A-34 所示。

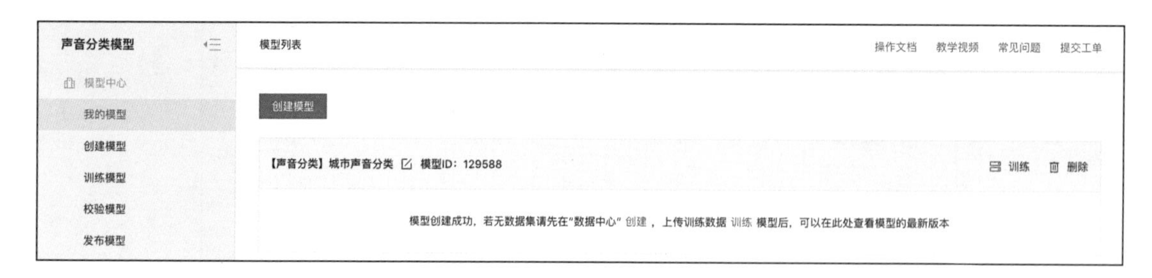

图 A-34　模型列表

第二步　上传并标注数据

这个阶段的主要任务是按照分类上传声音数据。

1）对于声音分类任务，我们准备了两种声音数据，包括小狗的声音和机械的声音。之后，需要将准备好的声音数据按照分类存放在不同的文件夹里，同时将所有文件夹压缩为 .zip 格式，压缩包的结构示意图如图 A-35 所示。

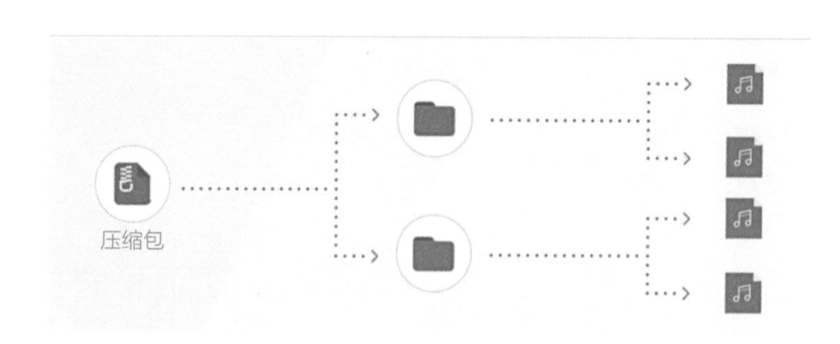

图 A-35　压缩包的结构示意图

注：压缩包里的文件夹名即标签名由数字、中英文、中 / 下划线组成，长度上限为 256 字符

2）创建城市声音分类数据集：选择【EasyData 数据服务】下的【数据总览】，点击【创建数据集】按钮，打开如图 A-36 所示的页面，在该页面中创建“城市声音分类”数据集，并上传压缩包，如图 A-37 所示。

图 A-36 创建数据集

图 A-37 上传压缩包

3）上传成功后，就可以看到数据的信息了，共 2 个类别（dog、engineer），还可以看到每一类数据的数量，如图 A-38 所示。

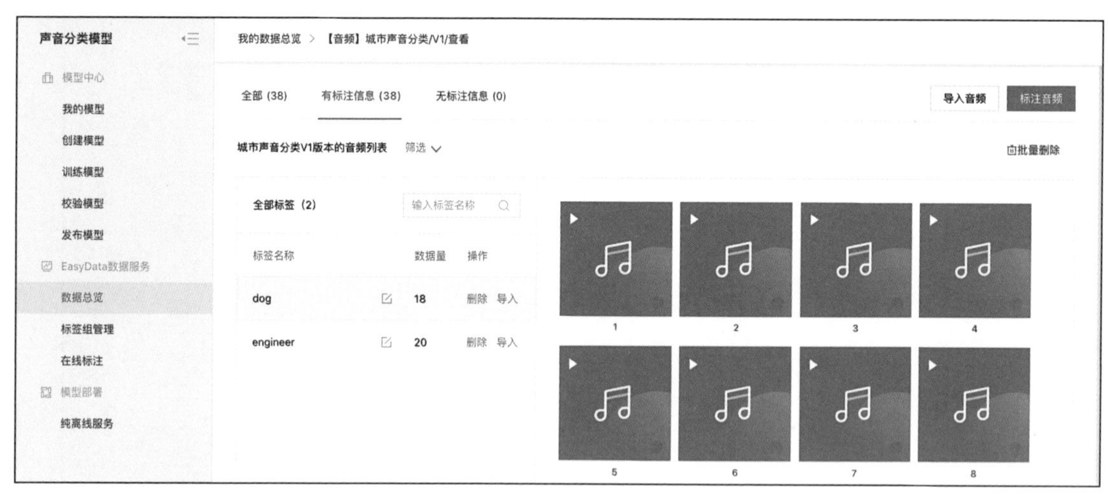

图 A-38　数据集展示

第三步　训练模型并校验结果

前两步已经创建好一个声音分类模型，并且创建了数据集，本步骤的主要任务是用上传的数据一键训练模型。并且在模型训练完成后，在线校验模型效果。

1）训练模型：如图 A-39 所示，在数据上传成功后，在【训练模型】中，选择之前创建的声音分类模型，添加数据集，开始训练模型。训练时间与数据量有关。

图 A-39　模型训练

2）查看模型效果：模型训练完成后，在【我的模型】列表中可以看到模型效果，以及详细的模型评估报告。如图 A-40 所示，从模型训练整体的情况说明可以看到，该模型的训练效果还是比较优异的。

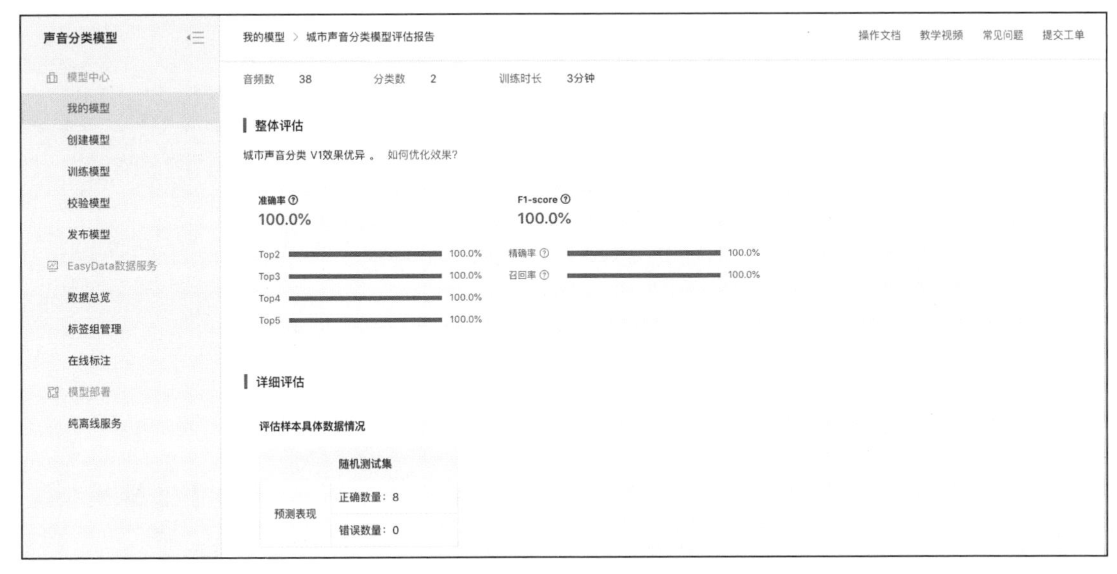

图 A-40　模型整体评估

3）校验模型：在【校验模型】中，对模型的效果进行校验。如图 A-41 所示，我们上传了一条声音数据，预测结果是机器的声音。

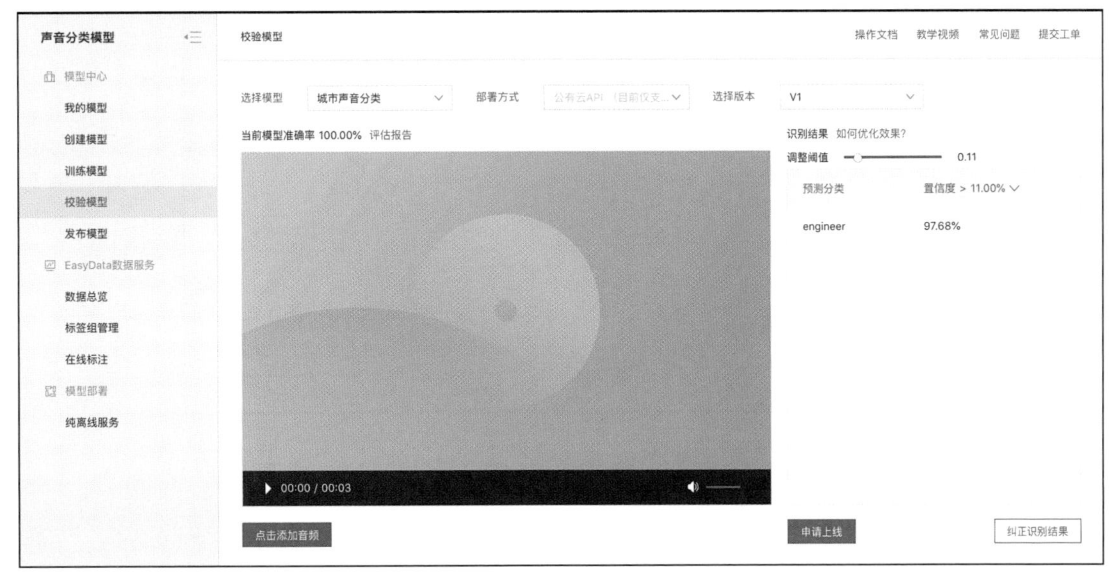

图 A-41　预测结果

第6章

检查城中流行的诗歌有没有抄袭

为了保护西岐城中诗人的原创诗歌，请设计一套相似诗歌检测系统，帮助诗人发现他的诗歌有没有被抄袭。

· 做一做：使用短文本相似度检测诗歌是否被抄袭

实验过程如下。

第一步 创建模型

1）点击主页中的【立即使用】按钮，显示如图 A-42 所示的【选择模型类型】选择框，选择模型类型为【短文本相似度】，点击【进入操作台】。

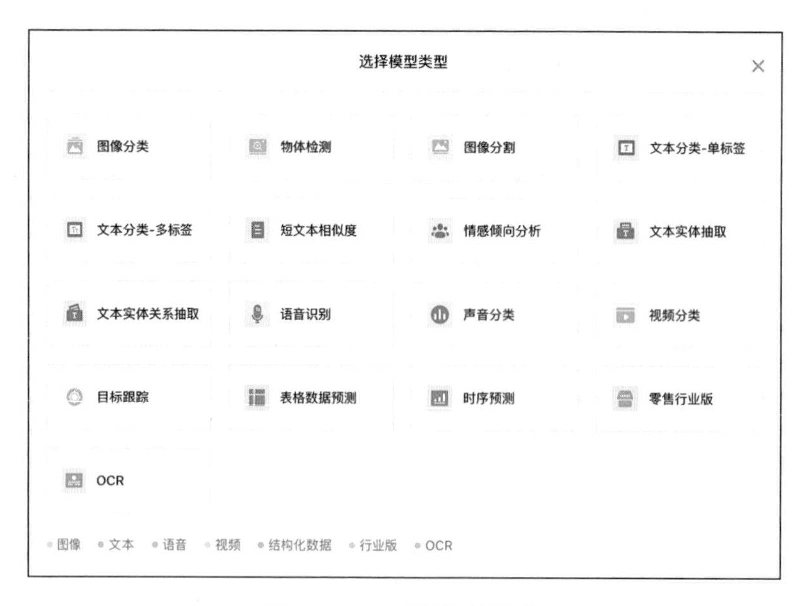

图 A-42　选择模型类型

2）如图 A-43 所示，在【创建模型】中，填写模型名称、联系方式、功能描述等信息，即可创建模型。

短文本相似度模型

模型列表 > 创建模型

提交工单

模型中心

我的模型

创建模型

训练模型

校验模型

发布模型

EasyData数据服务

数据总览

公开数据集

在线标注

模型类别　短文本相似度

模型名称 *　短文本相似度检测

模型归属　公司　个人

邮箱地址 *　q**********@163.com

联系方式 *　178*****911

功能描述 *　利用EasyDL进行短文本相似度检测

18/500

完成

图 A-43　完善模型信息

第二步　选择数据集并训练

本次实验采用公开数据集进行训练，在训练模型中选择公开数据集中的LCQMC－语义匹配－训练数据集，配置完成后点击【开始训练】按钮，如图 A-44所示。

短文本相似度模型

训练模型

提交工单

模型中心

我的模型

创建模型

训练模型

校验模型

发布模型

EasyData数据服务

数据总览

公开数据集

在线标注

训练配置

选择算法　高精度　高性能

模型筛选指标　模型兼顾Precision和Re...

添加数据

添加训练数据　+ 请选择　你已经选择1个数据集　全部清空

数据集	版本	标签数量	操作
LCQMC-语义匹配-训练数据集	V1	2	查看详情　清空标签

训练环境

名称	规格	算力	价格
GPU P40	TeslaGPU_P40_24G显存单卡_12核CPU_40G内存	12 TeraFLOPS	免费
GPU V100	TeslaGPU_V100_16G显存单卡_12核CPU_56G内存	14 TeraFLOPS	单卡¥0.45/分钟

开始训练

图 A-44　选择数据集

第三步 校验结果

1）在【我的模型】中查看训练完成的模型，如图 A-45 所示。

短文本相似度模型

模型中心

我的模型

创建模型

训练模型

校验模型

发布模型

EasyData数据服务

模型列表　　提交工单

创建模型

【短文本相似度】短文本相似度检测　模型ID：125254　　训练　历史版本　删除

部署方式	版本	训练状态	服务状态	模型效果	操作
公有云API	V1	训练完成	未发布	完整评估结果	查看版本配置 申请发布 校验

图 A-45　训练结果

2）查看模型效果：模型训练完成后，在【我的模型】列表中可以看到模型效果，以及详细的模型评估报告。如图 A-46 所示，可以看到模型训练整体的情况说明。

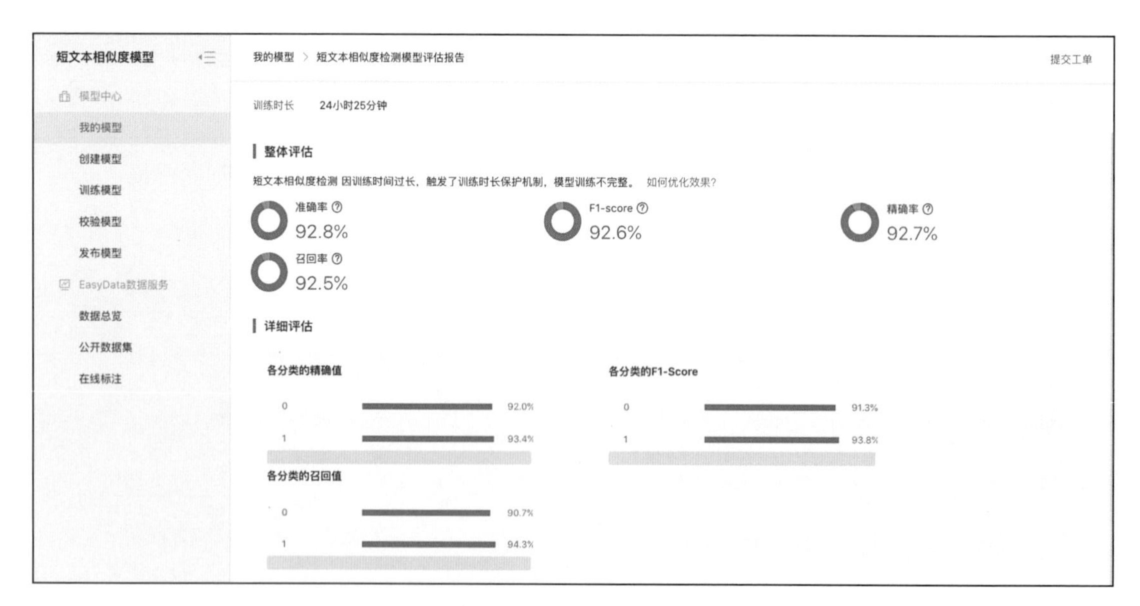

图 A-46　模型整体评估

3）校验模型：在【校验模型】中，对模型的效果进行校验。如图 A-47 所示，我们上传了一条视频数据，预测结果显示相似度为 99.29。

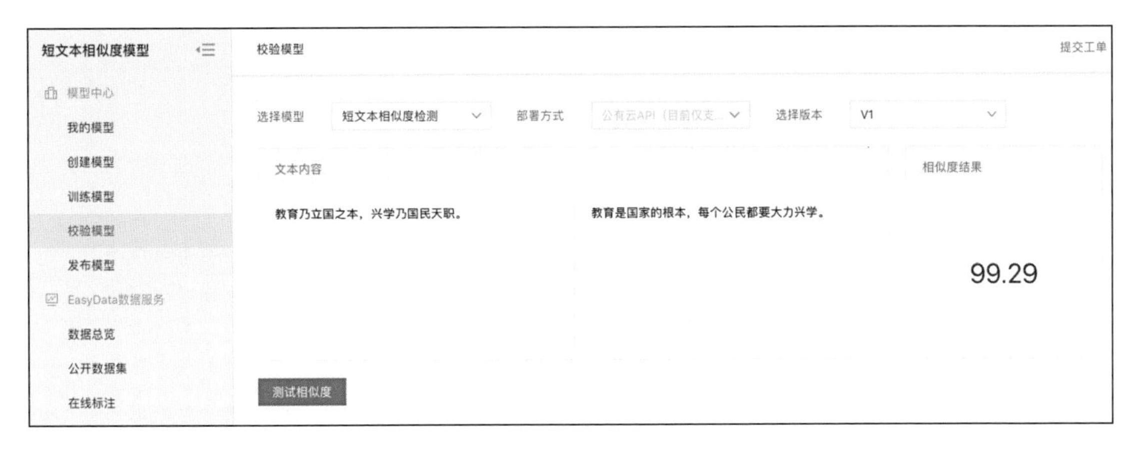

图 A-47 预测结果

识别发票金额

为提升民众的保障水平，西岐建设了发票报销制度，但每次将士们都要手动在报销单上填写票据的金额信息，请设计一个票据关键信息自动识别系统，自动提取发票金额。

· 做一做：使用 OCR 识别发票信息。

实验过程如下。

第一步 创建模型

1）点击主页中的【立即使用】按钮，显示如图 A-48 所示的【选择模型类型】选择框，选择模型类型为【OCR】，点击【进入操作台】。

2）如图 A-49 所示，在【创建模型】中，填写模型名称、联系方式、功能描述等信息，即可创建模型。

3）模型创建成功后，可以在【我的模型】中看到刚刚创建的模型“发票识别”，如图 A-50 所示。

选择模型类型

图像分类
物体检测
图像分割
文本分类-单标签
文本分类-多标签
短文本相似度
情感倾向分析
文本实体抽取
文本实体关系抽取
语音识别
声音分类
视频分类
目标跟踪
表格数据预测
时序预测
零售行业版
OCR

图像 文本 语音 视频 结构化数据 行业版 OCR

图 A-48　选择模型类型

总览
创建模型
模型中心
我的模型
创建模型
训练模型
校验模型
发布模型
数据服务
数据总览
在线标注

模型类别 文字识别
* 模型名称 发票识别
模型归属 公司 个人
* 所属行业 其他
* 应用场景 财务报销/银行单据识别
* 邮箱地址 q**********@163.com
* 联系方式 *******6378
* 功能描述 利用EasyDL平台进行发票识别
创建

图 A-49　完善模型信息

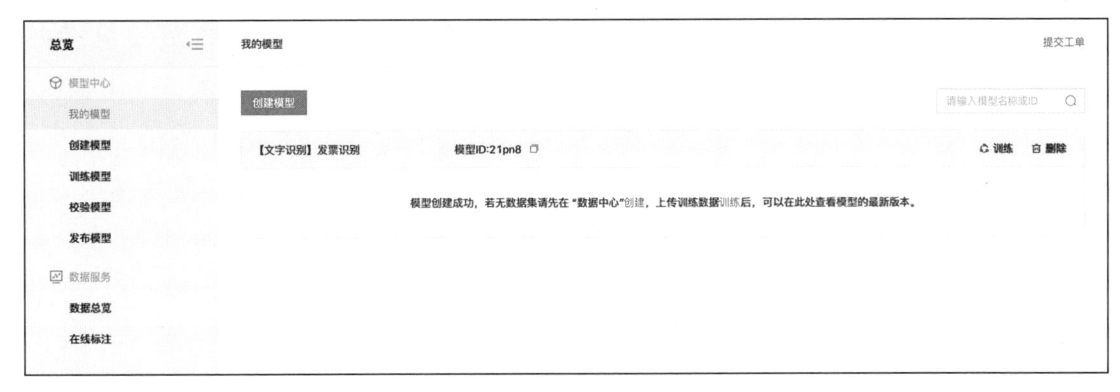

图 A-50　模型列表

第二步　上传并标注数据

这个阶段的主要任务是上传数据。

1）准备用于训练模型的图像数据，对于发票识别的任务，我们准备了包含多张发票的照片。图片类型支持jpg、png、bmp、jpeg格式。之后，需要将准备好的图片存放在文件夹里，同时将文件夹压缩为.zip格式。压缩包的结构示意图如图A-51所示。

图 A-51　压缩包的结构示意图

2）创建发票识别数据集，点击【数据总览】→【创建数据集】，如图A-52所示，创建分类数据集，并在如图A-53所示的页面中上传压缩包。

3）上传成功后，需要对数据集进行标注，如图A-54所示。

第三步　训练模型并校验结果

前两步已经创建好一个OCR模型，并且创建了数据集，本步骤的主要任务是用上传的数据一键训练模型。并且在模型训练完成后，在线校验模型效果。

1）训练模型：如图 A-55 所示，在数据上传成功后，在【训练模型】中，选择之前创建的模型，添加数据集，开始训练模型。训练时间与数据量有关，在训练过程中，可以设置训练完成的短信提醒并离开页面。

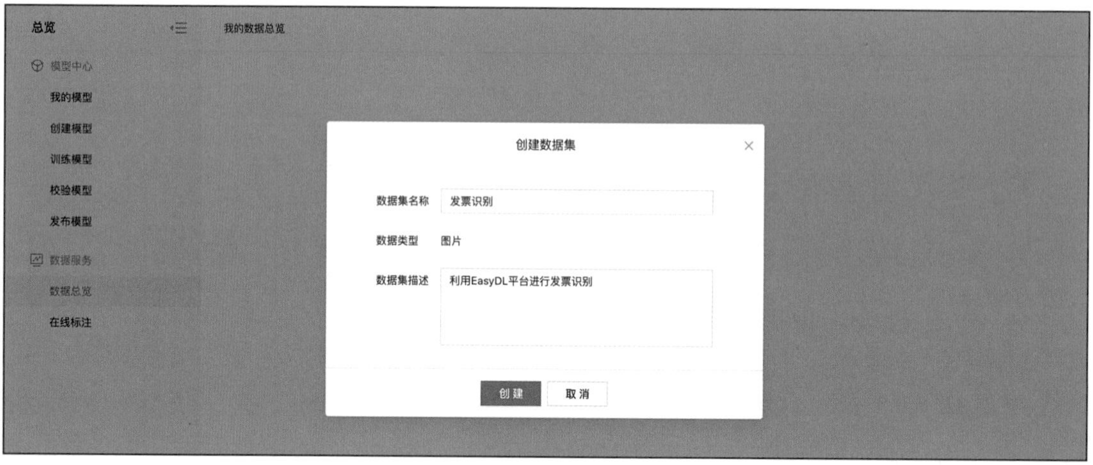

总览
我的数据总览
模型中心
我的模型
创建模型
训练模型
校验模型
发布模型
数据服务
数据总览
在线标注
创建数据集
数据集名称 发票识别
数据类型 图片
数据集描述 利用EasyDL平台进行发票识别
创建
取消

图 A-52 创建数据集

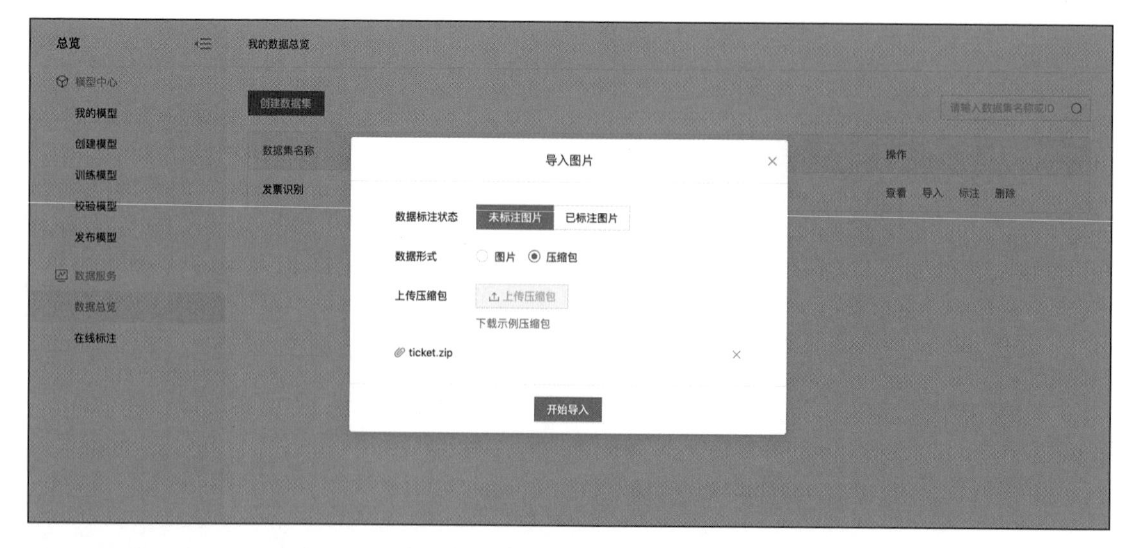

图 A-53 上传压缩包

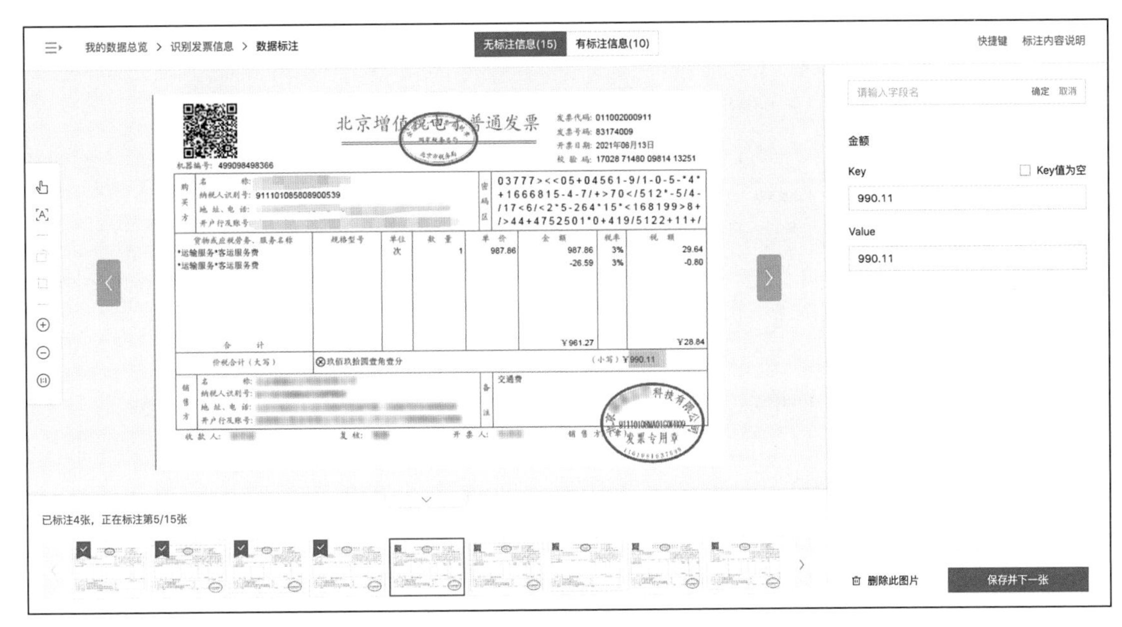

我的数据总览 > 识别发票信息 > 数据标注
无标注信息(15)
有标注信息(10)
快捷键
标注内容说明
请输入字段名
确定
取消
金额
Key
Key值为空
990.11
Value
990.11
北京增值税电子普通发票
已标注4张，正在标注第5/15张
删除此图片
保存并下一张

图 A-54　数据集标注

总览
模型中心
我的模型
创建模型
训练模型
校验模型
发布模型
数据服务
数据总览
在线标注
训练模型
选择模型
识别发票信息
训练数据
识别发票信息
将从训练数据中随机收取10%已标注数据作为模型评测数据
识别字段
字段名称
金额
更多配置
开始训练

图 A-55　模型训练

2）查看模型效果：模型训练完成后，在【我的模型】列表中可以看到模型效果，以及详细的模型评估报告。如图 A-56 所示，从模型训练整体的情况说明可以看到，该模型的训练效果还是比较优异的。

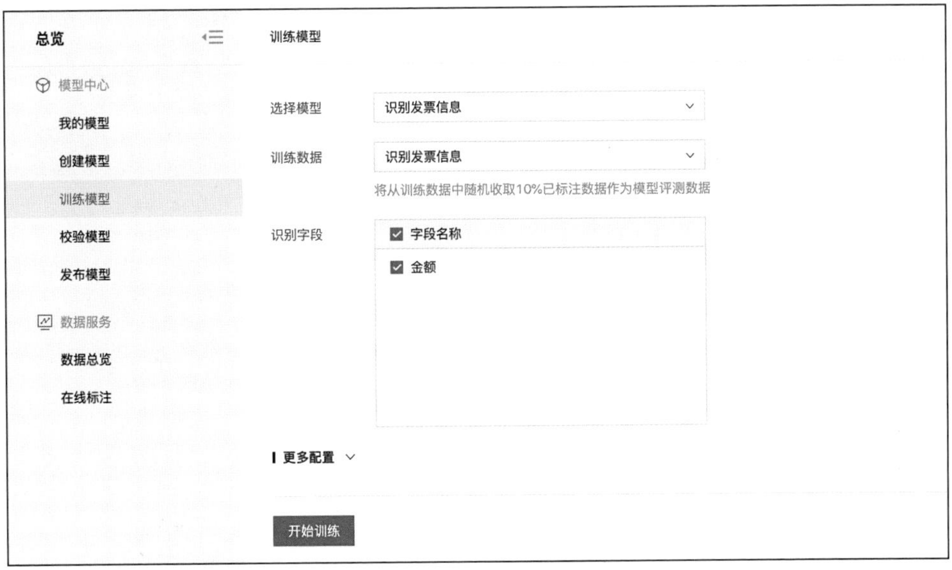

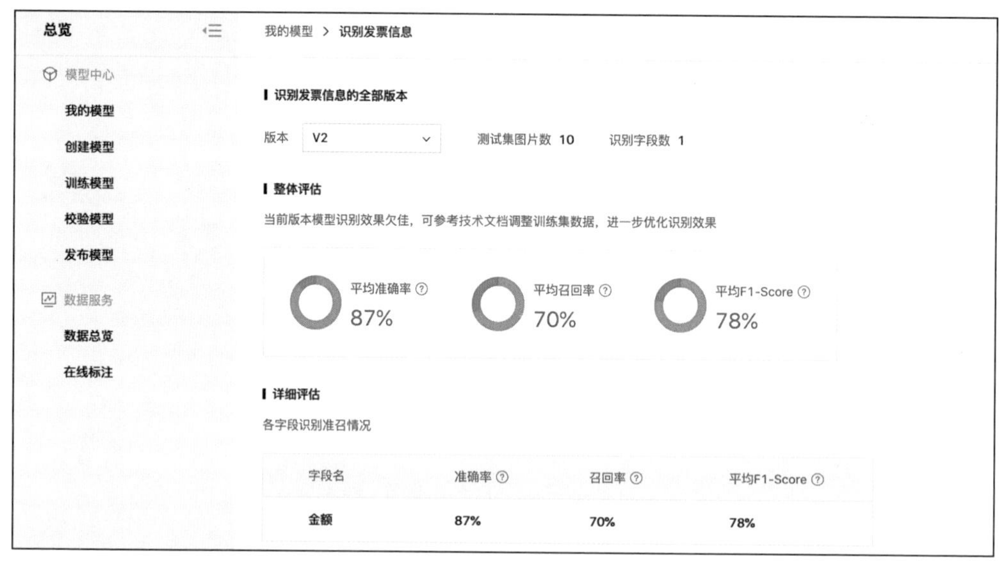

图 A-56　模型整体评估

3）校验模型：在【校验模型】中，对模型的效果进行校验。我们上传了一张要预测的图片，使用训练好的模型进行预测。可以调整阈值，如 A-57 所示，结果显示金额为 979.47。

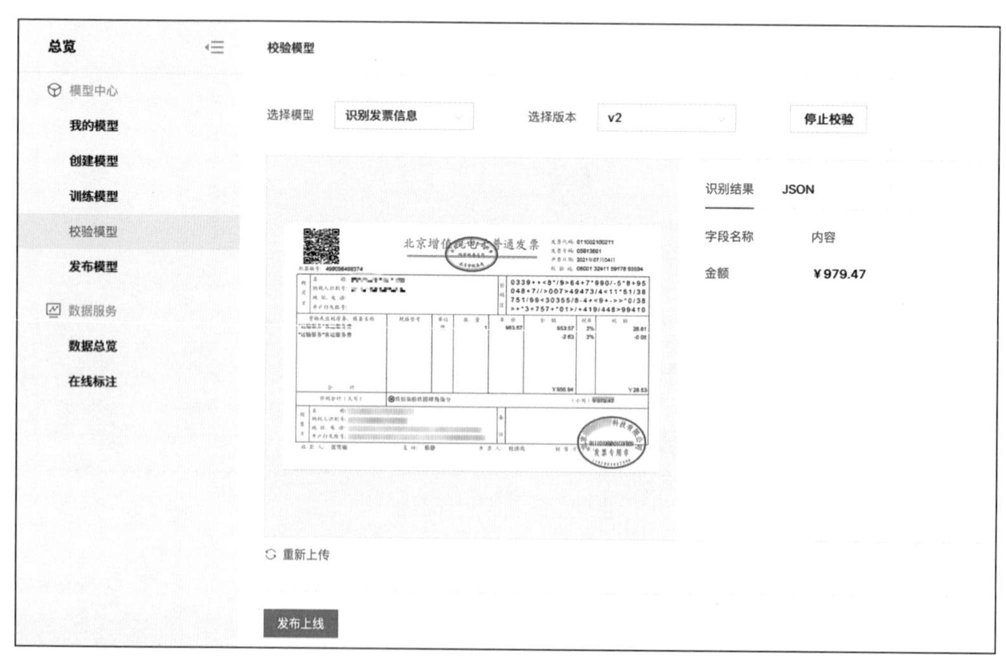

图 A-57　模型校验

识别足球视频

哪吒喜欢踢足球，但每次在海量视频库中寻找足球类视频都很麻烦。请设计一套足球视频自动识别系统，能自动给哪吒推荐足球视频。

· 做一做：使用视频分类完成足球视频识别。

实验过程如下。

第一步 创建模型

1）点击主页中的【立即使用】按钮，显示如图 A-58 所示的【选择模型类型】选择框，选择模型类型为【视频分类】，点击【进入操作台】。

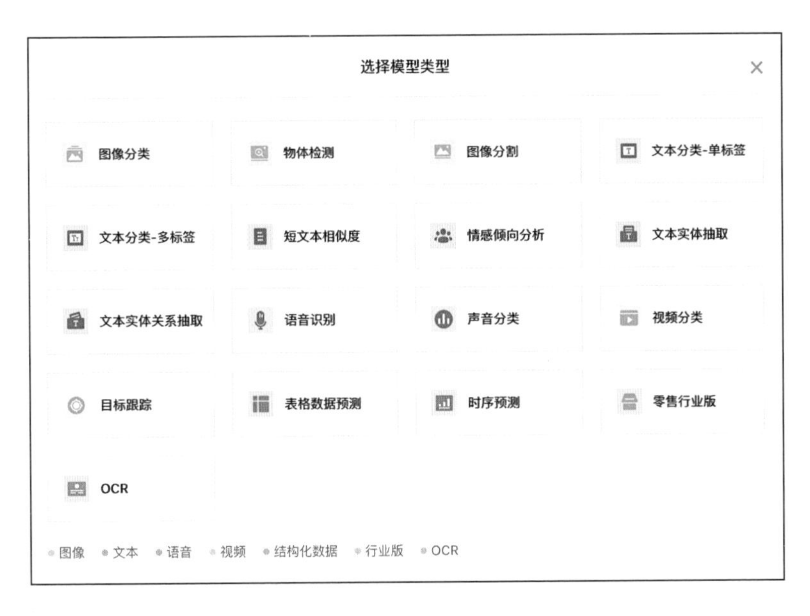

图 A-58　选择模型类型

2）如图 A-59 所示，在【创建模型】中，填写模型名称、联系方式、功能描述等信息，即可创建模型。

图 A-59　完善模型信息

3）模型创建成功后，可以在【我的模型】中看到刚刚创建的模型“识别足球视频”，如图 A-60 所示。

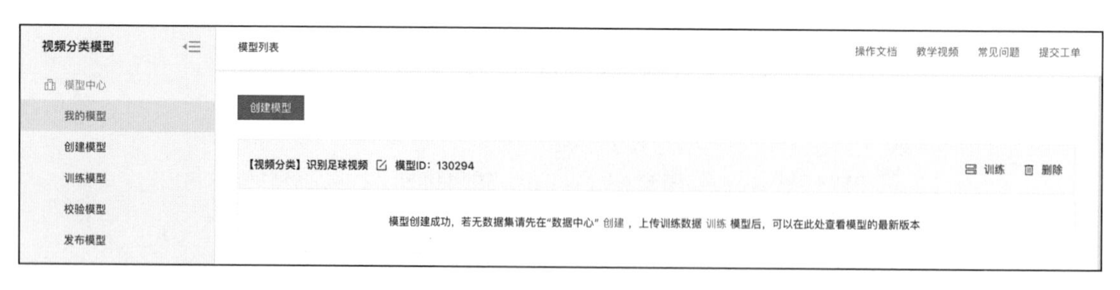

图 A-60　模型列表

第二步　上传并标注数据

这个阶段的主要任务是上传数据。

1）准备用于训练模型的图像数据，对于足球视频分类的任务，我们准备了包含多个足球动作的视频。视频类型支持视频支持 mp4、mov 格式。之后，需要将准备好的视频存放在文件夹里，同时将文件夹压缩为 .zip 格式。压缩包的结构示意图如图 A-61 所示。

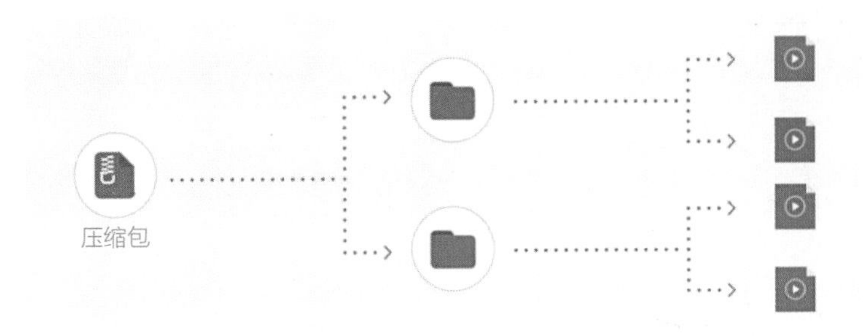

图 A-61　压缩包的结构示意图

注：压缩包里的文件夹名即标签名由数字、中英文、中 / 下划线组成，长度上限为 256 字符

2）创建识别足球视频数据集，点击【数据总览】→【创建数据集】，如图 A-62 所示，创建分类数据集，并在如图 A-63 所示的页面中上传压缩包。

图 A-62　创建数据集

3）上传成功后，可以在数据总览中查看详细的数据集标注信息，如图 A-64 所示。

第三步　训练模型并校验结果

前两步已经创建好一个视频分类模型，并且创建了数据集，本步骤的主要任务是用上传的数据一键训练模型。并且在模型训练完成后，在线校验模型效果。

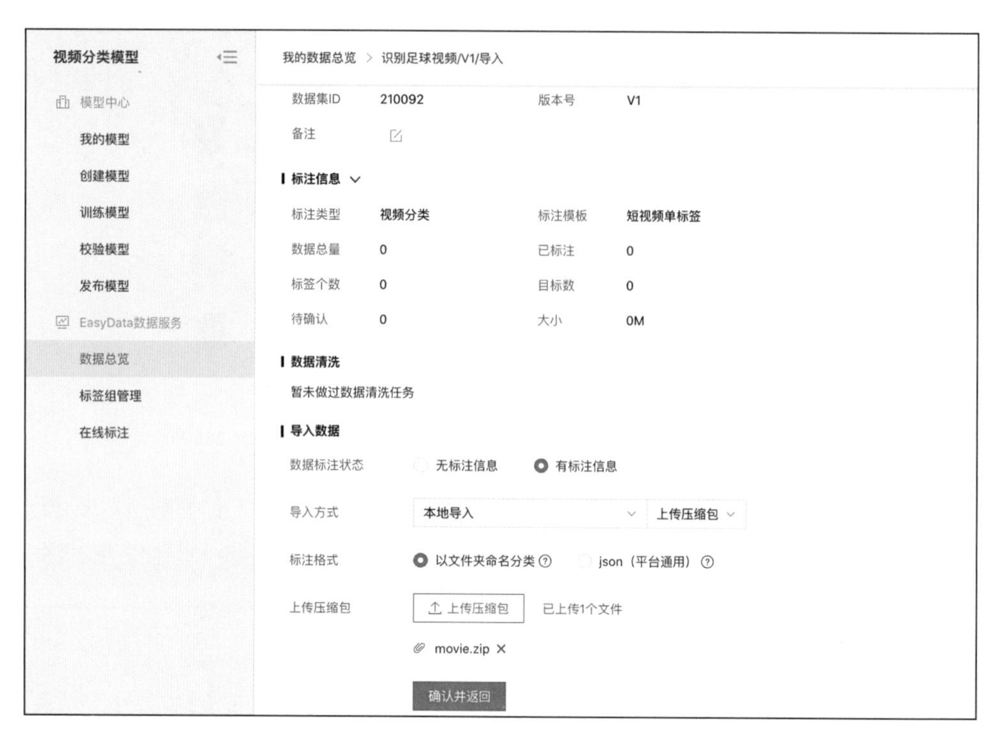

图 A-63　上传压缩包

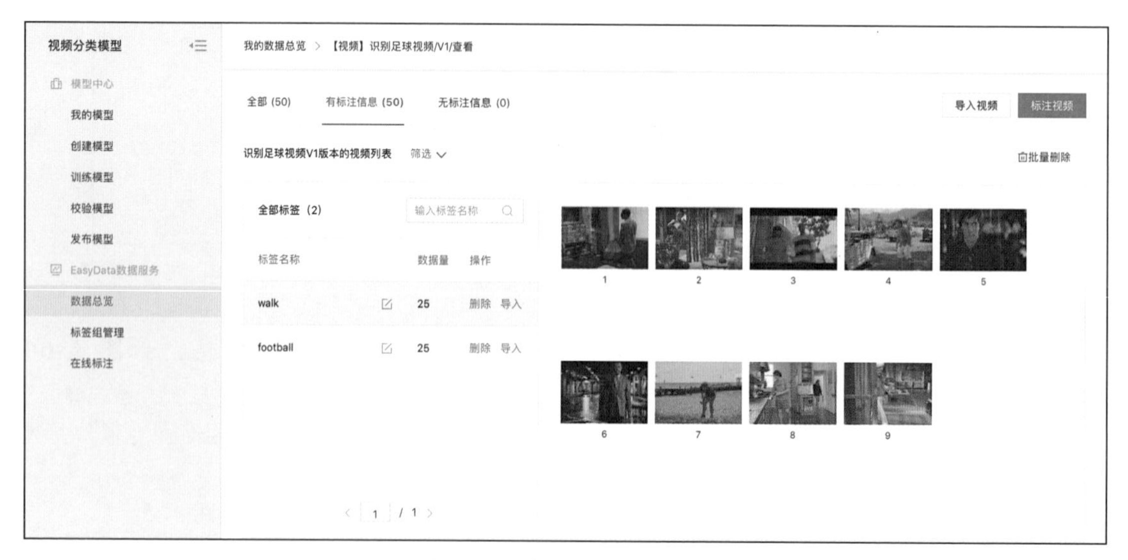

图 A-64　数据集标注信息

1）训练模型：如图 A-65 所示，在数据上传成功后，在【训练模型】中，选择之前创建的视频分类模型，添加数据集，开始训练模型。训练时间与数据量有关，在训练过程中，可以设置训练完成的短信提醒并离开页面。

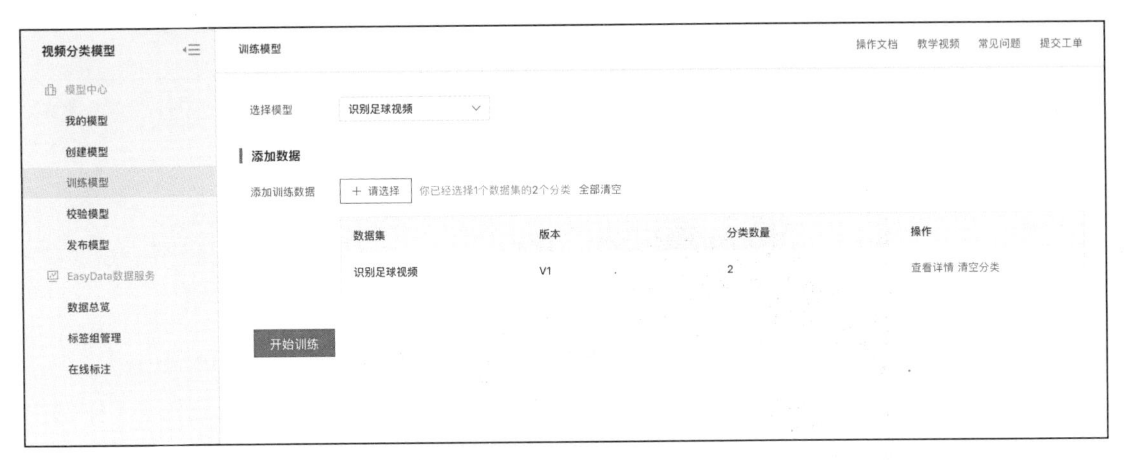

图 A-65　模型训练

2）查看模型效果：模型训练完成后，在【我的模型】列表中可以看到模型效果，以及详细的模型评估报告。如图 A-66 所示，从模型训练整体的情况说明可以看到，该模型的训练效果还是比较优异的。

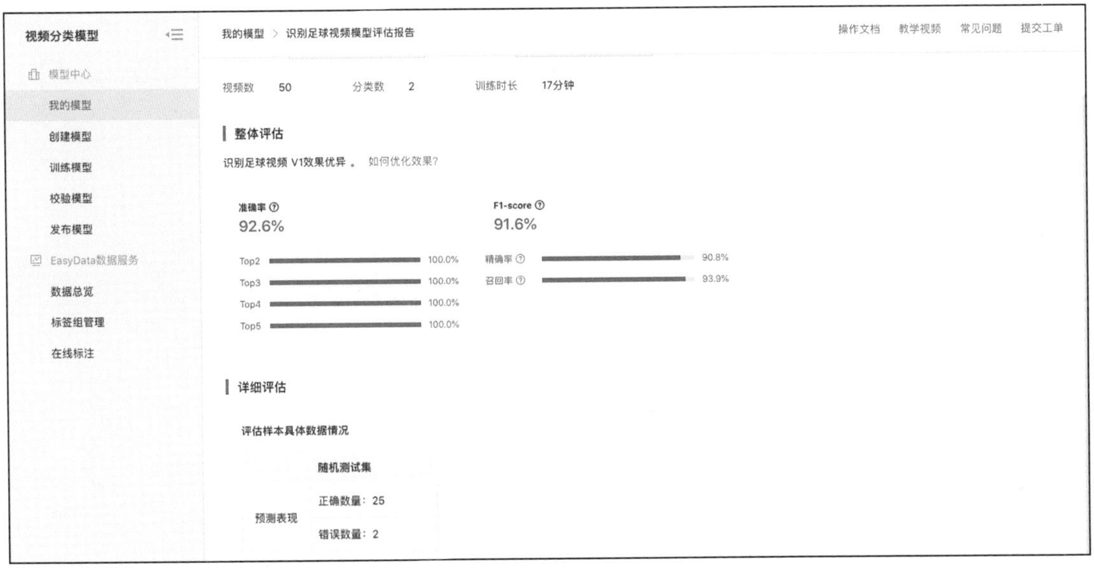

图 A-66　模型整体评估

3）校验模型：在【校验模型】中，对模型的效果进行校验。我们上传了一个要预测的视频，使用训练好的模型进行预测。可以调整阈值，如图 A-67 所示，结果显示为足球动作。

图 A-67　模型校验